通訊網路導論

連耀南 著

Introduction to Communication Networks for Practitioner

五南圖書出版公司 印行

序

　　本書是專為非電機相關科系從事通訊或網路相關研究的同學及職場人士參考使用所著，也適用於電信從業人員的入門訓練教材。

　　網路的最基層，即所謂的物理層，對很多非電機相關科系的學生而言，是相當陌生的，因此同學在從事相關的研究時常會遇到難以跨越的難關。而物理層的知識涵蓋甚廣，包含數學、物理、電機、電磁、甚至於電信法規等。每一個領域都需使用到數本重量級的教科書，就連電機科系的同學都必須兢兢業業日以繼夜的鑽研，方能融會貫通，但對於非電機相關科系的學生而言，每一本教科書如同天書一般，幾無自我修習的空間。

　　本書效法費因曼的科普書，將通訊網路的基礎知識以最簡單的方式做描述性的解說，揚棄瑣碎的細節，僅作觀念的介紹，期望能為讀者撥開層層迷霧，獲得基本的知識。

　　自從電信自由化開始，國內通訊事業突飛猛進，筆者在政治大學資訊科學系開設「行動通訊導論」、「通訊網路」等課程，專為資科系同學奠定物理層的基礎，歷經十餘年的摸索不斷的修改增刪，終於成為一門有理有節的導論課程，於是商請修課同學逐字記錄課程內容，再由祈立誠同學整理成初稿，再經筆者整理潤飾，短短百餘頁卻歷經數年斷斷續續的檢校方成正果。本書仿照科普書之體例撰寫，務求通俗易懂，雖力求避

免謬誤，難免不符學術文章的標準，期望各方專家不吝指教。

連耀南
國立政治大學資訊科學系
謹識於指南山下，道南橋邊

CONTENTS 目錄

序 言

第一章　通訊系統簡介

1.1	原始通訊系統	2
1.2	電報系統	4
1.3	電話系統	6
1.4	誰發明了電話？	7
1.5	懷念的古早電話機	8
1.6	現代的通訊系統	9
	參考文獻	9
	練習題	10

第二章　訊號與傳輸

2.1	電子訊號	013
2.2	影響訊號傳輸的因素	013
2.2.1	電阻	013
2.2.2	電磁干擾	014
2.2.3	寄生電容	015
2.3	傳輸媒介	017

2.3.1　雙絞線　017

2.3.2　同軸電纜　018

2.3.3　光纖　020

2.3.4　無線媒介　021

2.3.5　傳輸媒介之選擇　022

2.4　信號分析　022

2.4.1　時域信號與頻域信號　022

2.4.2　傅立葉轉換　024

2.4.3　聲音的分解與合成　026

2.4.4　方形波的頻譜分析　028

2.4.5　信號的強度（dB）　030

2.4.6　信號的品質—信噪比　031

2.4.7　電話系統品質的量度　031

2.5　串音與回音　033

2.6　訊號傳送技術　036

2.6.1　數位與類比信號　036

2.6.2　調變，基頻傳輸與寬頻傳輸　038

2.6.3　數位信號的基頻傳輸與寬頻傳輸　040

2.6.4　頻寬與 Shannon Capacity　042

2.6.5　網路速度與傳輸延遲　043

2.6.6	單工與雙工	045
2.6.7	多工	045
2.7	**類比數位轉換**	047
2A	**電流、電子流、及電磁訊號之傳遞速度**	050
2B	**電容器基本原理**	051
2C	**調幅（AM）、調頻（FM）、相位調變（PM）與 QAM**	054
	參考文獻	057
	練習題	057

第三章　交換機與電信網路

3.1	**電路交換與分封交換**	063
3.2	**電信網路架構**	064
3.3	**電信網路互連架構**	066
3.3.1	美國電話網路互連架構	067
3.3.2	我國的電話網路互連架構	069
3.4	**交換機的演進**	071
3.5	**電子交換機**	072
3.5.1	音頻撥號	073
3.5.2	信令	074

3.5.3	呼叫之建立及處理	075
3.5.4	服務功能	078
3.5.5	交換機的可靠度及價格	080
3.6	路由	081
3.7	Common Channel Signaling 與 SS7	082
3.8	智慧型網路	083
3.9	集縮	084
3.10	接取網路之建設	085
3.11	長途與國際線路之建設	085
3.12	公眾交換電話網路（PSTN）	086
3.13	用戶電話交換機（PBX）	087
3A	美國電話電報公司（AT&T）的解體	088
	練習題	089

第四章　呼叫處理與呼叫模型

4.1	呼叫處理	092
4.2	呼叫之塑模	093
4A	有限狀態機	097
	練習題	100

第五章　無線電傳輸技術

5.1	無線電波簡介	102
5.2	訊號強度與傳遞速度	103
5.3	干擾	105
5.3.1	同頻干擾	105
5.3.2	鄰頻干擾	105
5.3.3	多路徑干擾	106
5.4	雨衰	106
5.5	都普勒效應	107
5.6	頻譜分配	108
5.7	展頻通訊	109
5.8	無線電在通訊上的應用	110
5.9	無線電在定位上的應用	110
	練習題	112

第六章　行動通訊

6.1	行動電話之演進	116
6.2	蜂巢式行動電話	118
6.3	行動電話系統架構	120
6.4	行動電話運作原理	121

6.5 換手（交遞） 124

6.6 Call Blocking and Call Dropping 125

6.7 漫遊 125

6.8 收費與編碼方式 126

6.9 Mobility 的分類 126

6.10 多工接取 127

6.11 雙向通訊 129

6.12 行動通訊的可靠度與抗災能力 130

6.13 低功率行動電話 130

6.14 行動數據網路 131

參考文獻 132

練習題 132

第七章　衛星通訊

7.1 通訊衛星簡介 136

7.2 人造衛星為何不會墜落？ 137

7.3 同步衛星 138

7.4 GPS 全球定位系統 140

7.5 衛星行動電話與銥計劃 141

7.6 衛星的訊號處理能力 141

7.7 太空碎片 142

練習題　142

第八章　電信自由化與電信法規

8.1　緣起──由管制走向開放　144

8.2　我國電信事業之分類　145

8.3　電信市場之逐步開放　146

8.4　我國電信法主要精神　147

8.4.1　維護公平競爭秩序之責任　148

8.4.2　不對稱管制　148

8.4.3　交叉補貼之防制──避免挖東牆補西牆　149

8.4.4　價格管制──價格調整上限管制法　150

8.4.5　普及服務　151

8.4.6　編碼計畫　152

8.4.7　平等接取──公平選擇業者服務　157

8.4.8　號碼可攜性服務──換業者不用換號碼　159

8.4.9　網路互連　160

8.4.10　瓶頸設施與設施共用　160

8.4.11　第一類電信事業之外資限制──基礎建設不能任由外國人控制　161

參考文獻　162

練習題　162

第九章　網路互連

9.1	簡介	166
9.2	網路互連原則與重要議題	168
9.3	介接點設置	170
9.4	互連技術標準之遵循原則	171
9.5	網路互連費用之分攤	172
9.6	通信費處理	173
9.7	行動電話節費器的玄機	177
9.8	固網電話撥打行動電話定價權「回歸」發話端	178
	練習題	178

第十章　固定通訊業務之開放

10.1	開放政策目標之選擇	182
10.2	固網開放之過程	183
10.3	固網開放之成效──理想與現實的落差	184
	練習題	185

索　引	187

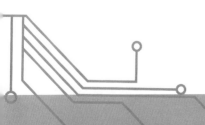

表目錄

表 2-1	雙絞線等級及適用環境	017
表 2-2	同軸電纜等級及適用環境	019
表 2-3	光纖、同軸電纜、雙絞線等三種傳輸媒介的比較	022
表 2-4	MOS 量測等級定義	032
表 2C-1	QAM 調制之例	057
表 3-1	網路互連架構名詞解釋	068
表 3-2	常見的交換機與電話機間之信令	075
表 3-3	呼叫處理（Call Processing）主要任務	076
表 3-4	常見特殊服務功能	080
表 4-1	POTS Call Model (Originnating Side)	096
表 4-2	POTS Call Model (Terminating Side)	097
表 4A-1	有限狀態機的狀態轉移與輸出	100
表 7-1	人造衛星依高度分類	139
表 7-2	人造衛星依用途分類	140
表 8-1	電信業務開放三步驟	147
表 8-2	我國編碼之首字頭規畫	153
表 8-3	我國 1 字頭編碼之規畫	154
表 8-4	我國 0 字頭編碼之規畫	154
表 8-5	18XY 及 18XYZ 撥號方式	159

圖目錄

圖 1-1	通訊系統示意圖	002
圖 1-2	軍艦使用的旗號	003
圖 1-3	Mechanical Telegraph 所用的信標	004
圖 1-4	原始電報系統：(a)按鍵放開、無電流 (b)按鍵按下，電流流通使磁針偏轉	005
圖 2-1	電容器：(a)基本構造 (b)充電狀態的電容器	015
圖 2-2	平行導線形成寄生電容	016
圖 2-3	雙絞線	017

圖 2-4	同軸電纜	018
圖 2-5	光纖	021
圖 2-6	微波通訊：(a)架構圖 (b)微波天線塔	021
圖 2-7	聲音樣本：(a)時域信號 (b)頻域信號	023
圖 2-8	信號之分解與合成	025
圖 2-9	鋸齒波之傅立葉轉換	025
圖 2-10	某樂器 Do 音的頻譜	027
圖 2-11	方形波	029
圖 2-12	(a)方形波之頻譜 (b)以正弦波合成方形波	029
圖 2-13	電話之回音	034
圖 2-14	電話之回音消除	035
圖 2-15	網路電話（VoIP）之回音	037
圖 2-16	數位信號	037
圖 2-17	受雜訊干擾之數位信號	038
圖 2-18	AM 與 FM 調變	039
圖 2-19	方形波的頻域	040
圖 2-20	方形波基頻傳輸的可能結果	041
圖 2-21	數位信號的傳輸品質測試：(a)輸入信號 (b)輸出信號	041
圖 2-22	數位信號的調變	042
圖 2-23	電話線的分時多工	046
圖 2-24	A/D 類比數位轉換	048
圖 2-25	不同的取樣頻率：(a)取樣頻率高 (b)取樣頻率低	048
圖 2-26	不同的量化等級：(a)量化等級較多 (b)量化等級較少	049
圖 2B-1	電容器接上電源：(a)初始狀態 (b)電荷流動 (c)穩定狀態	052
圖 2B-2	電容器上的電荷及電流變化：(a)電荷 (b)電流	052
圖 2B-3	電池變換極性：(a)初始狀態 (b)極性變化導致電荷流動 (c)穩定狀態	053
圖 2C-1	數位資料 0 與 1 的 PM 調變：(a)位元 0 (b)位元 1	055
圖 2C-2	四相位 PM 調變：(a)0° = 00 (b)90° = 01 (c)180° = 10 (d)270°= 11	055

圖 3-1	電話連線方式：(a)沒有交換機 (b)有交換機	062
圖 3-2	以幹線連接交換機擴充門號	063
圖 3-3	階層式電話網路	065
圖 3-4	國際電信網路	065
圖 3-5	美國的電話網路互連架構	068
圖 3-6	台灣的電話網路互連架構	069
圖 3-7	從台灣撥打國際電話至美國的連線方式	070
圖 3-8	電子交換機基本架構	072
圖 3-9	線路交換單元（Switching Fabric）	073
圖 3-10	按鍵式電話的頻率組合	074
圖 3-11	電話接通、通話與掛斷之流程	077
圖 3-12	用戶電話交換機（PBX）	088
圖 3-13	擁有數個私網的企業網路：(a)分離的私網 (b)利用幹線連接私網（VPN）	088
圖 4-1	一個呼叫分解為兩個 Half Call	094
圖 4-2	交換機執行 FSM 的機制	095
圖 4-3	POTS 狀態	095
圖 4-4	POTS Call Model	096
圖 4A-1	組合邏輯AND閘：(a)電路符號 (b)真值表	098
圖 4A-2	一個擁有三種狀態的有限狀態機：(a)狀態圖 (b)執行邏輯	099
圖 5-1	電磁波的折射、反射與散射	104
圖 5-2	鄰頻干擾：(a)頻率重疊時互相干擾 (b)加入保護頻帶避免鄰頻干擾	106
圖 5-3	多路徑干擾	107
圖 5-4	自動定位方法	111
圖 6-1	蜂巢式系統之頻率共用方式：(a)四細胞 (b)七細胞	119
圖 6-2	行動電話基地台	121
圖 6-3	行動電話基地台架構	122
圖 6-4	行動電話的註冊程序	122
圖 6-5	市話至行動電話的通話建立程序	123
圖 6-6	基地台切換	124
圖 6-7	GPRS 網路架構	132

圖 7-1	衛星的訊號反射功能	136
圖 7-2	同步衛星	139
圖 8-1	我國電信自由化之進程	147
圖 8-2	ITUE.164 編碼格式	153
圖 9-1	國際電話互連路徑圖	167

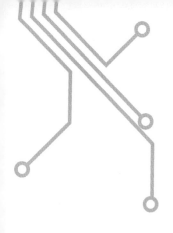

第1章

通訊系統簡介

1.1 　原始通訊系統

1.2 　電報系統

1.3 　電話系統

1.4 　誰發明了電話？

1.5 　懷念的古早電話機

1.6 　現代的通訊系統

　　　參考資料

　　　練習題

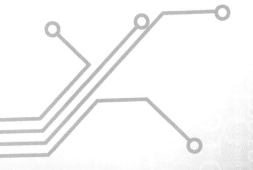

通訊系統簡介

　　通訊系統，簡單的說，就是一個媒介，可將訊息從一端傳送到另一端，如圖 1-1 所示。複雜者如：電話網路或 Internet，簡單者如：鼓聲、鑼聲、喇叭聲，軍號等以聲音之變化做爲媒介，或者如：旗語、燈號、烽火台等以光線之變化作爲媒介來傳遞訊息。通訊系統包含一個傳輸通道（或傳輸媒介），靠訊息源的一端有一個發射器（Transmitter）負責將訊息轉成訊號，而靠使用者端則有一個接收器（Receiver）負責將訊號轉成訊息交給使用者。

圖 1-1　通訊系統示意圖

1.1 原始通訊系統

　　鼓聲、鑼聲、喇叭聲、軍號、旗語、燈號等可作爲原始的短距離通訊系統。圖 1-2 是美國「中途島」號航空母艦上的旗號系統，可以在失去或禁用無線電通訊能力時，以旗語作爲船艦之間的通訊之用。（細心的讀者可以發現，不同旗號之間的鑑別度非常高，即便在天候不佳視線不良的情況下，也不容易誤判。而這也是通訊協定設計時通常必須遵循的原則，例如：數位傳輸的編碼必須讓遠端的接收端不會將 0 誤判爲 1，或將 1 誤判爲 0。）

　　軍旗在現代軍隊中被當成了一種部隊的精神象徵，其實軍旗在古代的軍隊中是一種很重要的通訊工具。在古代，沒有電話或無線對講機，打仗的時候主帥要怎麼指揮幾萬個士兵打仗？若沒有快

圖 1-2　軍艦使用的旗號

速方便的指揮系統,主帥要如何指揮大軍進行大型會戰?像電影中那樣由主帥大喊一聲,大軍就直接向前衝,那是送死。當然也不會像三國演義中,諸葛亮發幾個錦囊給帶兵官,按著錦囊指示進行作戰任務,就像電腦程式一般,事先安排每一個小部隊在何時該作什麼動作,那是神話故事。軍隊的作戰指揮必須要有個有效的通訊方式,所以『軍旗』就成為最常見的通訊工具。例如:以 100 個人為一個單位(百人隊),每個百人隊有一面軍旗,在戰場上可讓主帥清楚的掌握這個小部隊的存亡狀況,一旦一個部隊的軍旗倒下就代表這個部隊被殲滅,主帥只要看軍旗就可以評估當前軍力狀況,也因此每一個作戰單位只要沒被殲滅之前都必須盡力維護軍旗的挺立。主帥也利用軍旗以及鑼聲、鼓聲等來指揮各部隊遂行作戰任

務，而軍旗的旗語就是所謂的通訊協定（Protocol），必須在平常的訓練中事先熟習，一支軍隊戰力的強弱當然也包括各級軍官及士兵對旗語的熟練與否。一個主帥想要做到如臂使指般的指揮部隊，離不開有著一個快速方便細緻的指揮通訊系統。

在長距離通訊方面，中國在商朝的時候就有『烽火戲諸侯』的故事，一個個烽火臺以接力方式快速傳遞緊急軍情。而一般的軍情政情，則以驛馬來傳遞，情報特工單位還可利用信鴿作為更迅捷的通訊系統。在發現「電」之前，歐洲其實已經有原始的『電報』網路存在了，稱為『**Mechanical Telegraph**』，其運作原理就像是我們所知道的烽火台系統，一個個站台以接力方式快速傳遞緊急短訊。每一站利用『信標』（圖 1-3）將收到的訊息轉送下一站，信標是利用一根或數根棒狀物，其左右兩端可向不同角度彎曲擺動，一根信標的中間與左右兩邊的各種角度可組合成各種形狀，代表好幾種不同的訊號，（看起來很像旗語），數根信標可以做出很多種組合，可以更有效率的傳遞短訊。這種 Mechanical Telegraph 是歐洲在早期電報未發明之前的一種快速方便的長距離通訊方式。

圖 1-3　Mechanical Telegraph 所用的信標

1.2　電報系統

隨著 19 世紀的科學家積極研究電磁原理並發展出實用的電磁技術之後，就有了電報的發明來傳達訊息，電報是很簡單的通訊方

式：只要在收發兩端鋪設一對電線，接上電源，於接收端放個磁針，於傳送端利用開關控制電路之閉合與開斷，當按下開關通電之後會有電流通過電路而產生磁場，而磁場會使磁針偏轉，即完成訊號的傳遞（圖 1-4）。後來人們覺得這樣不太方便，於是就把磁針換成發聲音的裝置，而成爲較爲實用的電報，報務員利用按鍵控制聲音之長短以傳遞訊號，收報員則將聽到的長短音迅速的翻譯成文字訊息（摩斯電碼是最著名的電報碼）。培養一個熟練的報務員相當的耗時費力，報務員必須花費漫長的時間背誦電報碼，並辛苦的練習按鍵發報。合格報務員的數量成爲工商業發展的瓶頸。例如：每一艘遠洋船隻都必須配有報務員才敢出海航行，若無足夠報務員便無法發展海洋相關事業。爲了降低收發電報的困難，聰明的科學家發明了『打字電報』（Teletypewriter, TTY），報務員可利用打字機的裝置來收發電報。當報務員按下字母鍵時，機器就直接轉成電流的長短信號送進電路，而收報方的機器則將電流信號直接翻譯成字母打印在紙帶上。方便的 TTY 大大的降低了報務員的訓練時間，報務員不須花費漫長的時間練習收發電報的技能。而接收端

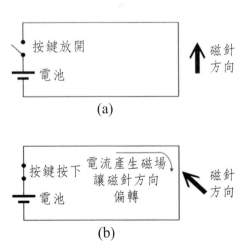

圖 1-4　原始電報系統：(a)按鍵放開、無電流 (b)按鍵按下，電流流通使磁針偏轉

除了不需能快速『聽懂』電報碼的熟練報務員之外，也可以直接節省收電報的人力，就像傳真機一般，TTY 收報機不需專人接聽，可以自動化收報。在傳真機及電腦網路（Internet）尚未普及之前，打字電報承擔了非同步訊息收發的主要任務，例如：各家報社都裝設了 TTY 接收全球各大通訊社所發的新聞訊息。印表機及電腦終端機其實就是從打字電報機演化而來的。再進一步改進電報，讓使用者可以直接將聲音轉成電子信號放進電線內，而且可以直接從另一端『原音重現』，就是電話了。

1.3 電話系統

很多人小時候都玩過罐頭電話，嚴格來說那算是電話的老祖宗。一個電話系統可分成：終端設備（Terminal）、**傳輸網路**（Transmission Network）、與**交換機**（Switch）三大部分。大家最熟悉的就是終端設備，就是連接在電話網路端點的設備，例如：電話機、傳真機、或 ADSL Modem 等都是終端設備，電信專業人員稱之為 CPE（Customer-Premises Equipment）。電話機的主要構件，無非是耳機、麥克風、電鈴、按鍵開關、以及一些簡單的線路。現代的智慧型行動電話手機，其功能不下於一部小型電腦，含有數億個以上的電晶體，相差豈止萬里。1980 年代電信自由化之前，電話機屬於電信公司所有，租給用戶使用，用戶不得使用自己的電話機接上電話網路，避免不合格的電話機損壞電話網路。電信自由化之後，電信公司不再將電話機控制於電話網路之內，可由使用者自由選用合格的電話機接上電話網路。因此，現代電話公司的主要資產，就是由傳輸網路以及眾多的交換機組成的電信網路。中華電信公司埋在地下的電纜價值至少數千億元以上。

1.4　誰發明了電話？

　　美國人貝爾（Alexander Graham Bell, 1847-1922）在 1876 年獲得第一個電話專利，長久以來貝爾一直被認定為電話的發明人。但是，事實真是如此嗎？牛頓的一句話「如果說我比別人看得更遠些，那是因為我站在了巨人的肩上」說出了一件事實：很多科技的發明，是很多人共同努力的結果。在許許多多的訴訟迷霧中，至少有幾件確定的事實，Elisha Gray（1835-1901）與貝爾在同一天向美國專利局提出發明電話的專利申請，只不過比貝爾先生慢了數小時而已，（此處是疑點重重，有人懷疑美國專利局埋伏有貝爾先生的內線搞鬼），另外有一位劇院舞台技師 Antonio Meucci 先生早在 1871 年曾向美國專利局提出一個 Talking Telegragh 的 caveat（註：一種申請專利的文件），但因付不出十美元的 Renew 費用而失去作用（註：申請者必須定期繳費申請維持 Caveat 繼續生效）。美國眾議院在 2002 曾正式的為 Antonio Meucci 先生平反說：「如果 Antonio Meucci 先生未曾付不出十美元 renew 費用的話，發明電話的專利很可能不會審核給貝爾」，這是暗示貝爾先生並非電話的首創者，美國眾議院的調查過程是否嚴謹，有待歷史學家去求證，我們無法深究。

　　貝爾先生創立的貝爾電話公司致力於建設美國的電話網路搶佔電信市場，經過多年殘酷的商場競爭終於成為美國最大電信公司──美國電報電話公司（AT&T），佔據了美國絕大部分的電信市場，也算是造福了美國人，但壟斷事業免不了阻礙了技術的進步，其功過算是毀譽參半，如今在電信自由化的浪潮下，勉強面對各種競爭而導致虧損連連，最後被其分出去的地方電信公司西南貝爾（SBC）所併購。

1.5 懷念的古早電話機

　　現在一部簡單的電話機甚至行動電話手機市價不過數百元，而市內電話的裝機費僅需幾千元，但早期電話的裝機費要好幾萬元，價值可能超過一棟房子，只有富人才裝得起電話。早期的電話機有個搖柄，要撥打電話時，必須轉動搖柄，呼叫接線生，這個搖柄是什麼作用？其實那是一個小型發電機。電話一定要有電源才能使用，否則就不叫電話了。現代的電話機（行動電話除外）並不需要裝電池，也不需要外接電源，其電力來源是由交換機直接供應的，所以電話機只需接上電話線就可以使用，非常方便。而最原始的交換機，例如軍隊中的野戰部隊所使用的交換機，並不提供電源給電話機，電話機必須裝上乾電池，還要接上一個小型手搖發電機，才能使用。在早期的電影中可以看到此種手搖電話機的身影，打電話前要先搖這個搖柄發出數十伏特電壓，讓遠方交換機的電鈴響起呼叫接線生。但使用者不可能一面搖著搖柄一面講電話，所以另外還要一組乾電池提供通話時所需的電源，讓使用者不必一面搖發電機一面講電話。但還有個疑問：既然用上了乾電池供電，為什麼還需要一個手搖發電機作為呼叫裝置？豈非多此一舉？其實這跟功率以及電壓之高低大有關係，電器用品大致上可分為兩種，一種是消耗能量小的『小功率電器』，例如隨身聽、手提收音機等電子產品，消耗的能量通常較小，一兩顆 1.5 伏特的小小乾電池就可以讓隨身聽撐好幾天不需充電。另一種是消耗能量大的『大功率電器』，例如電鍋、電冰箱、電燈等。電鍋的耗電量（功率）可能超過 1000 瓦，一般的電燈泡功率約 60～100 瓦，而日光燈約 20～30 瓦，這類電器的目的就是要讓能量變成熱能、光能、或是動能，其目的就是要提供能量，當然比較耗電。而早期電話機裡的電鈴是一種機械性裝置，耗電量相當大，而電話機的聽筒，其實就是耳機，所需電流比振動電鈴要小很多，只需一點點電力就可以驅動耳機。兩顆

一號乾電池（3 伏特）就可提供一兩個月的通話使用（只用到麥克風及耳機），如果將乾電池用來提供振鈴電流以啓動電鈴，不但需要串連數十顆電池才能提供所需的工作電壓，而且也因功率消耗太大，很快就將電力耗盡了，幾乎要天天換電池，非常不方便也不便宜，所以必須另外裝個發電機讓使用者自行發電提供振鈴電流。隨著技術的進步，後來的電話機首先取消了乾電池，改由交換機供電，但仍維持手搖發電機，最後當『共用電池』（Common Battery）技術出現之後，才取消手搖發電機，而由交換機供應全部的電力。家中所有電器用品中，只有電話機不需外接電源，省下非常多的麻煩，當遇到緊急災難而電力中斷時，電話經常能保持暢通，多年來救了無數人的生命。

1.6 現代的通訊系統

電子及資訊技術數十年來飛躍發展，通訊系統早已今非昔比，數位技術、電腦技術，封包網路技術等構成現今蓬勃發展的國際電話網路、網際網路、行動電話等先進的通訊網路。雖然如此，這些先進網路的最基層，仍然是依賴基本的電磁技術，通訊網路的技術人員，仍然必須具備相關的基礎知識。

參考文獻

1. Laszlo Solymar, Getting the Message: A History of Communications, Dec. 1999, Oxford University Press.

練 習 題

1. 請畫出最簡單的有線電報系統。

2. 請舉出兩種電話系統的終端設備。

3. 使用早期的電話時,使用者在撥號時,必須搖動一個搖柄裝置通知接線生,請問那個裝置是什麼?

4. 現代的電話機在用戶端為何不需接上電源?

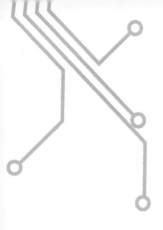

第 2 章

訊號與傳輸

2.1　電子訊號

2.2　影響訊號傳輸的因素

2.3　傳輸媒介

2.4　信號分析

2.5　串音與回音

2.6　訊號傳送技術

2.7　類比數位轉換

　　　參考資料

　　　練習題

訊號與傳輸

　　通訊網路的從業人員包羅萬象，資工資科的專業人員也扮演了一個重要角色，其中免不了會接觸到許多通訊專業名詞，其中最為困擾的問題之一就是訊號傳輸相關的技術與專業用語。希望在本章能提供一點幫助。通訊系統讓訊息（文字，聲音，或影像）可以從一點傳送到另一點。而傳輸系統，就是負責將訊息轉成的電磁訊號（或光訊號）盡可能從網路的一端完美無誤的傳送到另一端（即所謂的『高傳真』，Hi-Fi），再還原成原始訊息。因為光也是電磁波的一種，因此本章主要是從電磁波的特性來說明訊號傳輸的特性。

　　現在很多人都隨身攜帶一個 MP3 播放器，例如 iPod 或 iPhone，利用耳機隨時隨地聽音樂。耳機線的長度大約有幾十公分，最長大約一公尺左右。試想，如果耳機線有一公里那麼長，這音樂還能聽嗎？不懂電子技術的一般人也知道其音質一定慘不忍「聽」。可是我們打電話時，電話線要接到交換機去，交換機再接到受話方，總距離常常有數公里甚至數千公里之遠，我們透過這麼長的電話線彼此交談，電話聲音仍然非常清楚，訊號傳輸技術功不可沒。現代的通訊技術已經可以維持越洋電話的聲音品質，更進一步的，我們可以在高鐵，甚至飛機上以及太空中使用無線電話，這當中運用了許多先進的技術在裡面，這在幾十年前還是難以想像的事情。

　　現在能看到的原始電話系統，大概只有陸軍野戰部隊所使用的人工交換機系統。民國五十、六十年代的軍用被覆線（電話線）由七根導線（四鋼三銅）組成，鋼絲可增加強度，使其不容易扯斷，但導電性不甚理想，因此打電話時常常要用吼的才能讓對方聽到。現在的家用電話經過幾公里都還能聽得很清楚，是拜許多先進技術之賜的。

2.1　電子訊號

　　『電子訊號』（或稱電磁訊號）簡單說來就是『電壓的變化』，而電壓的變化經由電磁波由傳輸媒介的一端傳到另一端，而另一端的電壓也隨之變化，就完成了訊號的傳輸。（註：假設電路裡的阻抗不變，那電流的變化與電壓的變化是一樣的，讀者不必拘泥於電壓或電流的變化）。以電話為例，電話機把聲音（氣壓的變化）變成電壓的變化，由一端傳到另一端，再變成氣壓的變化，還原成聲音。就像聲音在空氣中的傳遞一樣，距離遠了，音量就會降低，遠方的人就聽不清楚了。而電子訊號傳得遠了，由於種種原因使得電壓下降，接收端無法利用微弱的電壓還原成聲音能量，同樣還是會聽不清楚。此外，如果兩人在面對面溝通時，突然傳來鞭炮聲，也會干擾對話。同樣的，無論是金屬導線或無線電媒介，在傳遞訊號時都有可能受到外界的電磁干擾，雜訊摻入於訊號中，最後當訊號還原成聲音時，附帶了一大堆雜音，大煞風景。

2.2　影響訊號傳輸的因素

　　傳輸媒介（Transmission Media），可分為有線及無線兩大類，有線的例如：銅線或光纖，無線的例如：無線電（電磁波）或紅外線。工程師在選擇適當的傳輸媒介時，第一個問題就是：這條『線』的傳輸能力如何？亦即，它的頻寬有多高？對訊號的抗損耗及抗干擾的能力如何？對一般的金屬導線而言，影響訊號傳輸的幾個大敵是電阻，電磁干擾，以及寄生電容，當然，深究下去，還有其他因素需要更深的電磁理論才能瞭解，有興趣的讀者可自行去探索。

2.2 ❶ 電阻

　　除了超導體之外，金屬導線上一定會有電阻存在，當電子訊號從一端傳到另一端後一定會因為電阻消耗能量而使得訊號的電壓

及能量降低，可能導致接收方無法還原出原始訊號，所以電阻是導致訊號強度衰減的一個重要因素。一般而言，導線越粗，電阻就越小，導線越長，電阻就越大。例如隨身聽耳機的線通常不到 1 公尺，但如果耳機的線是 1 公里長的話那電阻會高達 1000 倍，接收端接收到的電流小了 1000 倍。電阻之大小與導線的材質也有關係，以金屬的導電係數來說，導電率最高（電阻係數最小）的是銀，然後是銅，再來是鋁。有些高級麥克風裡面的導線就是銀做的。當然，由於銀的價格昂貴，一般常見的導線材質都是銅。

2.2 ② 電磁干擾

影響訊號傳輸的第二個因素就是外來的電磁干擾。我們一般的常識是：電子訊號在導線中傳遞，外面包覆著絕緣塑膠，裡面的訊號漏不出來，外面的雜訊也進不去。但這是不對的，電場與磁場都不是絕緣塑膠所能阻隔的。回憶高中物理所談到的庫倫定律：兩個電荷之間會相吸或相斥，而其力量與電量的乘積成正比，與距離平方成反比，電荷之間的作用力與磁力類似，是一種『超距力』，兩個電荷之間不需要有導體相連就可以互相作用。總之，絕緣塑膠並不能阻隔電磁場的擾動。很多人有類似的經驗，將手機放在電腦旁邊，電腦喇叭就可能受到干擾，時常出現雜音，這就是手機發射電磁波時，電磁訊號進入電腦的聲音放大器線路，被放大器放大，由喇叭發出聲音來。因此外界的電磁場擾動會對導線中的電子訊號產生干擾，是訊號傳輸的另一個大敵。

別忘了，傳輸導線內的電子訊號除了會受到外界電磁干擾之外，自身也會擾動周圍的電磁場而干擾其他的電子訊號傳輸。在電話網路內常聽到的『串音』（Crosstalk），其中一個主要的原因就是電話線都是成捆成捆的從交換機連到各個用戶，而束在一起的電話線中，各自的電子訊號所產生的電磁場擾動彼此互相干擾的結果。當然，在複雜的電路中，彼此干擾產生串音的機會也是有的。

此外，音響系統，尤其是教室使用的擴音系統，常因佈線不嚴謹而與其他電路太過接近，而讓一般交流電源產生的電磁場擾動干擾到擴音系統，而讓擴音系統發出聽起來很不舒服的『哼聲』（Hum Noise），台電所提供的家用電源是 110 伏特，60Hz 的交流電。這 60Hz 交流電產生的電磁場擾動如果干擾到擴音系統，而從喇叭放出來，人耳可以聽得非常清楚。

擁有密密麻麻電路的電路板以及 IC 的設計更是要小心翼翼的防止 crosstalk 的產生，許多並排而且間距很短的電路彼此之間的電磁干擾是工程師們必須解決的困擾之一。

2.2 ③ 寄生電容

影響訊號傳輸的第三個重要因素是『寄生電容』（Parasitic Capacitance）。電子訊號在導線中傳遞，其頻率越高越容易漏失，一個主要的搗蛋鬼就是寄生電容。電阻跟頻率高低的關係較小，但寄生電容對電子訊號的影響就跟頻率有很大的關係。電容的基本結構就是以非導體介質隔開的兩個導體『電極』，如圖 2-1 所示。電容器可以儲存電荷，當充電之後，一邊電極有些正電荷，另一邊電極有些負電荷，兩個電極上的正負電荷隔著中間介質互相吸引在一起，但因中間被絕緣介質隔開，電荷無法通過，就像兩個磁鐵隔著玻璃互相吸在一起，於是電荷便儲存在電容器裡面。

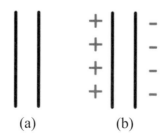

(a)　　　　　(b)

圖 2-1　電容器：(a)基本構造 (b)充電狀態的電容器

　　傳輸導線（例如雙絞線）可看成是一對平行金屬電極，中間被覆絕緣可視爲介質，自然形成一種電容器（圖 2-2）。以寄生電容爲名就是因爲我們並不希望導線有電容效應，但這個效應卻像寄生蟲一樣無法甩掉，因而被稱爲寄生電容。

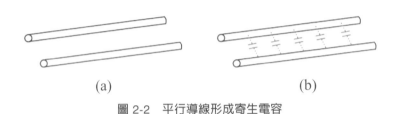

(a)　　　　　　　　　　　　　　　　　　(b)

圖 2-2　平行導線形成寄生電容

　　那寄生電容又有什麼問題呢？寄生電容對電子訊號形成一個通道，一部份的電子訊號就帶著能量從寄生電容溜掉，而沒有乖乖的順著導線流到接收端去。而電子訊號變動的越快，從寄生電容內流掉的電子訊號就越多，就好像一條佈滿細微小洞的水管，很多水就從中間的小洞漏掉了。我們把訊號送入導線，希望它傳到接收端去，但卻因爲電容效應的關係，導線上的訊號就像水管上的許多小洞一樣漏掉。訊號變化越快漏掉的就越多，因此信號就不能變化的太快，就形成了導線的頻率上限，也就是『頻寬』。如果頻率太高（也就是變化太快）超過頻率上限，訊號就可能從寄生電容漏掉太多，使得接收端接收不到訊號。所以對傳輸電子訊號的金屬導線而言，頻率越高越不容易傳的一個主要原因就是寄生電容。（嚴格來說，影響頻寬的因素還有很多，這裡是簡化的說法。）

2.3 傳輸媒介

2.3①雙絞線

　　規格最簡單的傳輸用導線就是雙絞線，將一對金屬導線絞在一起就成了雙絞線，電話網路的電話線以及我們使用的網路線就是雙絞線，網路線內部有四對雙絞線。將導線絞在一起的原因是為了增加抵抗電磁干擾的能力，其發明人就是貝爾先生。以目前的技術而言，在 100 公尺以內的雙絞線，可以達到 10~100 Mbps 的傳輸速率。市面上常見的雙絞線等級及適用環境如表 2-1 所示。區域網路所用的 Ethernet 纜線內含四對雙絞線（圖 2-3 右圖），通常都要選用 Category 5 以上的規格才能達到 100Mbps 以上的頻寬。

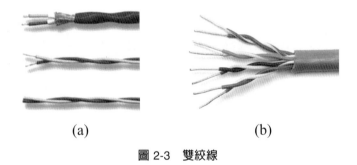

(a)　　　　　　　　　　　　　　(b)

圖 2-3　雙絞線

表 2-1　雙絞線等級及適用環境

等　　級	傳輸速率	常見用途
Category 1	2 Mbps	語音通訊
Category 2	4 Mbps	語音通訊、4Mbps 記號環（Token Ring）網
Category 3	16 Mbps	10BaseT、16Mbps 記號環網
Category 4	20Mbps	100BaseT4、16Mbps 記號環網
Category 5	100 Mbps	100BaseTX
Category 5e	1000 Mbps	1000BaseT
Category 6	2400 Mbps	1000BaseT

2.3② 同軸電纜

『同軸電纜』是比雙絞線更好一點的傳輸介質，一般是由四層材料構成：最核心是一條導電銅線，線的外面有一層絕緣塑膠（兼作電介質之用）包覆，絕緣體外面又有一層薄的網狀導電體，最外層是負有保護任務非常強韌的絕緣外皮。比起雙絞線來，除了電阻比較小使得電阻損耗比較少之外，同軸電纜之抗雜訊能力以及所能承載的頻寬也比較高。我們可從它的構造來探究原因：電子訊號需要兩條導線來傳輸，常見的作法是分為『訊號線』與『地線』，地線的電壓維持為零，而訊號線則承載著不斷變化的電子訊號。我們將變動的電子訊號放在同軸電纜的核心導體上傳輸，將外圍的金屬屏蔽網作為地線。而金屬屏蔽網作為地線，可以提供抵抗外界電磁訊號的干擾，而直徑很粗的核心導體則提供較低電阻的導線，可降低電阻損耗。

中間很厚的絕緣介質把訊號線與地線隔開，除了增加電阻減少因歐姆定律產生的『直流漏電』之外（註：若中間的絕緣介質的電阻太低時，核心導線內的電子訊號就能輕易的流到金屬屏蔽網形成漏電），由於電容器的兩個電極之間的距離越遠其電容量就越小，厚厚的介質將核心的銅導線與外面的屏蔽地線隔得開開的也可將低

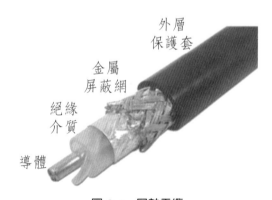

外層
保護套

金屬
屏蔽網

絕緣
介質

導體

圖 2-4　同軸電纜

寄生電容，減少訊號流失的『交流漏電』。介質越厚，寄生電容越小，交流漏電隨著越小，可承載的訊號頻寬就更高了，有線電視（俗稱第四台）所使用的同軸電纜可承載數百 MHz 的頻寬。常見的同軸電纜主要有 50 歐姆與 75 歐姆兩種規格，如表 2-2 所示。近年來，Cable TV 業者為了搶奪寬頻上網及電話服務的商機，更換了能承載更高頻訊號的同軸電纜以便提供電視、網路及電話三合一功能的服務（Triple Play）。

表 2-2　同軸電纜等級及適用環境

等　級	規格及適用環境
75 歐姆	用來傳送 baseband 訊號， 速率大約為 10Mbps， 傳輸的範圍大約為數公里， 可接 100 部以上電腦
50 歐姆	用來傳送 broadband 訊號， 頻寬約為 300~400MHZ， 平均每個頻道頻寬：6MHZ/channel， 平均每個頻道傳輸速率：20Mbps/channel， 傳輸的範圍大約為數公里， 可接 1000 部以上電腦

　　外界電磁干擾是靠金屬屏蔽網隔開的。一般人都有經驗，在電梯裡面通常很難收到行動電話的訊號，因為電梯多半是個金屬盒子，電磁波無法穿透。許多收音機或無線設備的廠商，都有個金屬板或金屬網封住的測試實驗室，工廠生產的無線電產品在進行測試時必須要在此房間內，將外面的電磁訊號隔開，否則測試會受到干擾。國高中物理課本上有個很有名的法拉第實驗，實驗者走進一個金屬籠子裡面，然後外面施加高壓電，但實驗者卻不受影響。藉由這個實驗可證明金屬籠子的屏蔽效用。同軸電纜就用這種隔離的

方式減少電磁干擾。MP3 隨身聽用的耳機線都是使用『雙芯隔離線』，可視爲一種最簡單的同軸電纜，裡面的兩條訊號線承載左右聲道訊號，而包覆訊號線的金屬網則作爲共同地線。

2.3 ③ 光纖

　　光纖通訊是將光訊號放進光纖中傳輸，比起電磁信號在金屬電纜中傳輸，能達到更高的頻寬。光纖沒有電阻，沒有寄生電容，也沒有電磁干擾，所以它可以做得很細而可承載的頻寬卻可輕鬆達到 GHz 以上。當然它也有相當的衰減，光從一端到另一端一定有衰減，不過其衰減遠比金屬導線受到電阻的衰減低很多，而且其直徑也比金屬導線細很多。如今的光纖技術已經可讓一條光纖傳輸訊號達百公里以上仍不需放大器增強其訊號。如果用銅導線作爲海底電纜，因爲要傳的距離很遠，可能需要非常粗的銅線以減少電阻，但如果是使用光纖的話只要細細的一條光纖就可以提供相當高的頻寬。以同樣直徑的多芯纜線相比較，光纖的傳輸能力可能爲銅線的幾萬倍以上，所以現在已經逐漸用光纖來取代過去的銅質長途電纜。

　　光線原是直線前進的，爲何能隨著光纖的轉彎而轉彎？原因是光線前進時在光纖的轉彎處會反射回來（就像用手電筒斜斜的照射玻璃窗），在一定的角度內，會全部反射回來（光學理論中，稱爲全反射），否則就有一部分會透射出去，如此光線在光纖中藉著不斷的全反射，順著光纖前進。

　　光纖的佈設與維修比銅纜要麻煩許多，原因是光纖不能過份的彎曲，而且，斷點接續也不像銅纜一般只需絞一絞就可完成接續，而是必須依賴熔融設備方能接續。因此，光纖通常不會直接鋪設到用戶家中，最多鋪設到電信公司放在路邊的接線箱，或大樓的接線箱，再轉換成電磁訊號進入用戶家中。

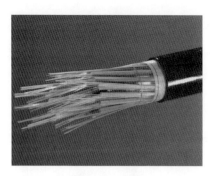

圖 2-5　光纖

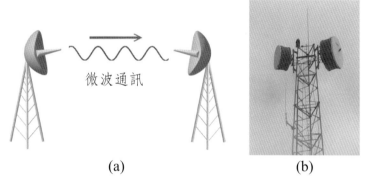

(a)　　　　　　　　　　　　(b)

圖 2-6　微波通訊：(a)架構圖 (b)微波天線塔

2.3 ④ 無線媒介

　　除了有線的金屬導線及光纖之外，還可以利用無線媒介來傳輸訊號，例如：使用無線電波的行動電話及微波（Microwave）長途通訊中繼站。另外紅外線、雷射、甚至聲波也能作為傳輸媒介：我們一般家裡面的電視、錄放影機的遙控器通常是用紅外線傳輸的，無線區域網路，藍牙耳機等也是用無線電作傳輸媒介。

2.3 ⑤ 傳輸媒介之選擇

選擇傳輸媒介時要考慮之因素為：鋪設環境、頻寬需求、網路架構、可靠度要求以及價格等，如表 2-3 所示。

表 2-3　光纖、同軸電纜、雙絞線等三種傳輸媒介的比較

項　目	光　纖	同軸電纜	雙絞線
頻帶寬度	寬	中	窄
能傳送的訊號	光波訊號	電子訊號	電子訊號
防被竊聽的能力	強（很難被竊聽）	中	弱（容易被竊聽）
傳送的距離（無中繼）	長	中	短
抗雜訊及干擾能力	強	中	弱
線徑與重量	細、輕	比光纖粗而且重	比光纖粗而且重
施工接續時間	長（10~20 分鐘）	長（約 10 分鐘）	短（約數分鐘）

2.4　信號分析

2.4 ① 時域信號與頻域信號

信號與訊號原文都是 Signal，本章遵循信號分析研究領域的習慣，沿用『信號』這個名詞。信號是隨著某一參數變動的另一個參數值。在空氣中傳遞的聲音，就是隨著時間變動的壓力，在電子通訊系統中的信號就是隨著時間變動的電壓或電流，將信號的大小依時間先後畫出來如圖 2-7(a) 所示，稱為『時域信號』（Time Domain Signal）。面對前節所描述的種種障礙，如何將放進傳輸媒介上的信號，傳得又好又遠？除了使用較昂貴的傳輸媒介之外，有沒有其他技術可以克服困難？要解決這個問題，必須先了解信號的特性（例如：最高頻率或高低頻之分佈狀況），再針對信號的

特性做出相應的處理。一般而言，「波」的兩個特性參數是震幅與頻率，在信號傳輸中，我們比較關心的是頻率特性。那麼，如何描述一個信號的頻率特性？最原始的方法是從時域信號的形狀去判斷一個電磁波的特性，但是此法太不精確，而且電子電路沒有類似人腦的判斷力，無法配合。「**頻域信號**」（Frequency Domain Signal）則比較方便用來描述或觀察電磁波的頻率特性。簡單的說，頻域信號就是將一個信號的每一個頻率成分抽出來量度其大小並記錄下來，如圖 2-7(b) 所示。很多電腦上的音樂播放器都可以將正在

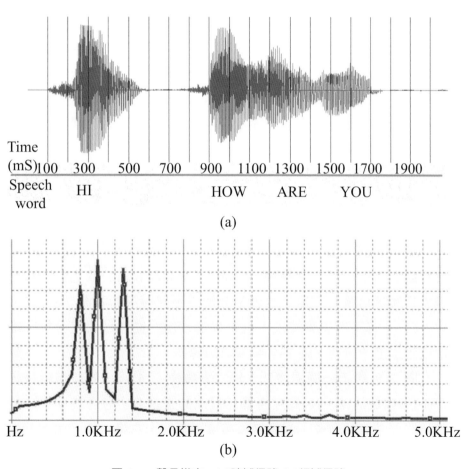

圖 2-7　**聲音樣本：**(a)時域信號 (b)頻域信號

播放的音樂以時域信號或頻域信號的方式展現出來讓使用者體會。

先前在 2.2.3 節曾提到，一個傳輸媒介（如雙絞線）能傳輸的頻寬都有上限。所以必須知道一個信號源到底頻率有多高，才能選定合適的傳輸媒介。假設一段聲音之最高頻率為 4000Hz，而兩個電纜之頻寬分別為 2000Hz 及 5000Hz。我們可以輕易的選擇 5000Hz 頻寬的電纜來傳輸這段聲音。但『頻率有多高』很難直接由時域信號的波形看出來，卻可輕易的由頻域信號判斷出來，請比較圖 2-7(a)、(b) 兩圖。進行信號分析時，採用頻域信號能夠更清楚的瞭解信號的特性。

2.4 ② 傅立葉轉換

如何將時域信號變成頻域信號？最方便的工具是傅立葉轉換（Fourier Transform）。這種將一種形式的信號轉換成另一種信號形式的過程就稱為『轉換』（Transformation）。數學上有許多這樣的轉換，大家很熟悉的對數，就是一種最簡單的轉換，對數最大的好處是可以用加法來進行乘法的運算，在電腦發明之前，就是靠對數表做大量的數學運算，理工科學生人手一把對數刻度的計算尺，用來簡化大量的繁複計算。微積分中必定會提到的泰勒展開式（Taylor Series），可以將三角函數（Sin/Cos）或自然指數（Ex）等函數展開成為多項式，便於運用簡單的四則運算計算這些複雜的函數。傅立葉轉換（Fourier Transform）就是將**時域信號轉為頻域信號**的利器，也就是分解為不同頻率的弦波（Sin/Cos Wave），有了傅立葉轉換，就可以很方便的從頻域角度分析、處理或產生電子訊號。圖 2-8 解釋這個轉換。

圖 2-9 展示一個鋸齒波之傅立葉轉換：(a)為原始時域信號，而(b)是頻域信號，(c)圖左邊顯示展開的正弦波，包含基頻、二倍頻諧波、三倍頻諧波、直到無限高倍頻諧波，右邊則顯示由部分的諧波組合還原成原始鋸齒波的時域信號，而這個反方向的轉換，稱

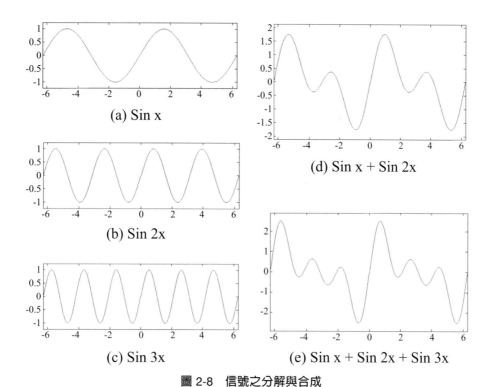

圖 2-8　信號之分解與合成

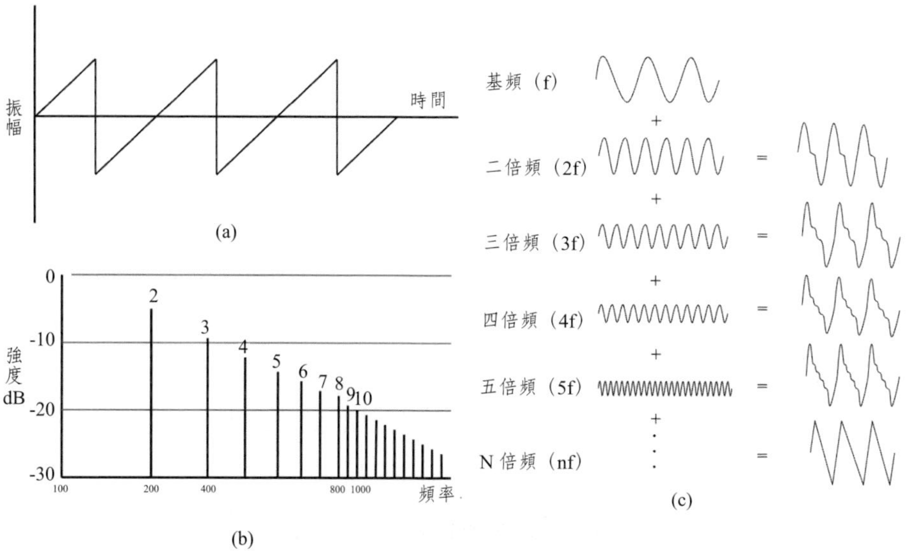

圖 2-9　鋸齒波之傅立葉轉換

爲『合成』（Synthesis）。將所有的諧波合成起來可以還原成無失眞的原始時域信號，但如果只有使用部分諧波，合成的時域信號就有失眞。原則上，越多的諧波合成的信號其失眞程度越低，越接近原始訊號。如果我們能用電子電路產生各種頻率的正弦波，我們就可以合成各種信號，製造出電子樂器，例如：電子琴。

2.4③ 聲音的分解與合成

聲音的頻域參數，對人耳非常重要，如果人類對聲音頻率不敏感，那頻域信號再如何漂亮也是沒有意義的，就像五彩繽紛的顏色對色盲的人毫無意義一般。以音樂爲例，所謂的 Do、Re、Mi 或宮商角徵羽等樂音，不過是不同頻率的聲波而已，如果人耳對聲音的頻率不敏感，那就根本聽不到美妙的音樂。人類耳朵最多只能聽到 20KHz 的聲音，而狗的耳朵能聽到的頻率則遠高於此，因此『犬笛』就利用這種特性，發出超過 20KHz 的聲音（超音波）用以與狗溝通，所以頻率在聲音的世界是極爲重要的。有些年紀大的人，耳膜功能退化，對高頻率的敏感度下降，所聽到的聲音就不夠清晰，以致形成「重聽」現象，與人溝通起來非常吃力。

如何利用電子電路產生電子音樂？早期的電子合成音樂都是用正弦波產生器產生各種不同頻率的正弦波，再依比例合成所要的樂音。此外，電腦中的音效軟體可以很方便的製造各種聆聽環境效果，例如：劇院、球場、音樂廳等。其他的應用多得不可勝數，幾乎是無限的可能。早期半導體電子技術尚未發達，積體電路尚未發明之前，複雜的電路仍然昂貴時，頻域信號的處理相對比較簡單低廉，因爲使用簡單的震盪電路即可產生正弦波。（註：因二階的微分方程式之解正好是某一頻率的正弦波及其倍數諧波。而利用便宜的電容及電感兩個元件即可構成一個二階微分方程的震盪電路，其解正好是所要的正弦波，其頻率則由電感值與電容值決定）。

早期的電子琴就是按照各樂器的頻譜將各頻率的正弦波合成而

發出各種樂器的聲音，但所合成的電子樂器的聲音與實際樂器相差太遠，多數人都能分辨出電子琴與真實樂器的聲音差異：電子琴的音樂太『純』了，而真實樂器的聲音就豐富了許多。這要從樂器的發音原理說起，不同材質的樂器發出相同音階的聲音時，人耳聽起來卻大不相同，其原因是：每一個樂器除了發出基頻的聲音之外，還發出了許多泛音（基頻的倍頻諧波）共同組成樂器的『音色』，如圖 2-10 所示。

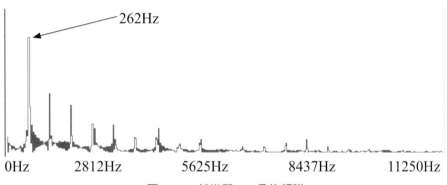

圖 2-10　某樂器 Do 音的頻譜

不同樂器發出的同樣音階的聲音時，其基頻是相同的：例如 Do 這個音的基頻約為 262Hz（261.63Hz），但各樂器各自的泛音卻各不相同。要模擬一個真實的樂器，必須要有很多電子震盪器發出各種頻率的泛音來合成真實的樂器聲音，但過去的電子樂器礙於硬體成本因素，模擬樂器音色時僅能保留前幾個頻率的泛音，因此聲音聽起來很『純』，非常不自然。近年隨著價格下降與 IC 技術的進步，同樣價格的電子電路可產生更多的泛音，因此合成的電子樂器聲音越來越真實，甚至可預先錄製真實樂器的各音階聲音儲存於記憶體中，再根據一首歌曲的旋律播放出來，聽起來就與真實樂

器非常接近（這種技術稱為 WaveTable）。隨著 MP3 音樂的興起以及電子技術的持續進步，近年來合成音樂在個人隨身聽的市場已經逐漸式微，被 MP3 音樂壓縮格式所取代，這些聲音壓縮格式就不是合成的，而是直接播放錄製的原始音樂。而一般行動電話手機裡的鈴聲，因為硬體限制，還是使用合成音樂，早期的手機鈴聲都是單調的單音鈴聲，現在已經進步到和弦鈴聲了。

以自然材質做成的樂器不可能完美無缺的，當要發出 Do 的聲音時，不可能僅僅發出 261.63Hz 及其泛音。由於樂器的不完美，可能還發出 260Hz、263Hz 等差異極小的岐音。而很「純」的電子樂音，也因此更不像天然樂器之音了。很幸運的是，人耳似乎很欣賞這些稍微走調的岐音，幾個頻率差異極小的聲音造成的「和聲」效果竟然讓音樂變得更動聽。多人合唱的音樂因為和聲效果之故，比單人歌唱的聲音好聽多了。前些年美國有一個口香糖的廣告，請一對雙生姊妹花合唱幾句口號，就讓人覺得非常動聽，讓那支廣告獲得極大成功。（當然，如果岐音與主音之頻率相差太大時，就成了「走音」，那可就難聽了。）

2.4 ④ 方形波的頻譜分析

在數位的世界裡常常需要處理或傳送方形波，很不幸的是方形波是相當難以傳輸的一種信號。用比較直觀的方式來看，方形波具有比較陡峭的『直角』，而弦波相對的就平緩許多。無論是電子電路產生出來或通訊網路傳送過來的方形波，其前上緣及後下緣都很難達到真正的直角，如圖 2-11 所示。

將方形波以傅立葉轉換分解後，發現方形波是由相當多的低頻與高頻正弦波組合而成的如圖 2-12 所示。對傳輸媒體而言，高頻訊號傳輸時容易衰減，（其實極低頻訊號也不容易處理），因此經過傳輸後，方形波的直角可能會失真，形狀變得比較圓滑，導致嚴重失真，因此就信號傳輸而言，方形波是相當不利於高速長距離傳輸的。

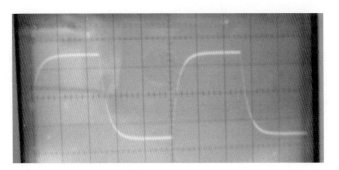

圖 2-11　方形波

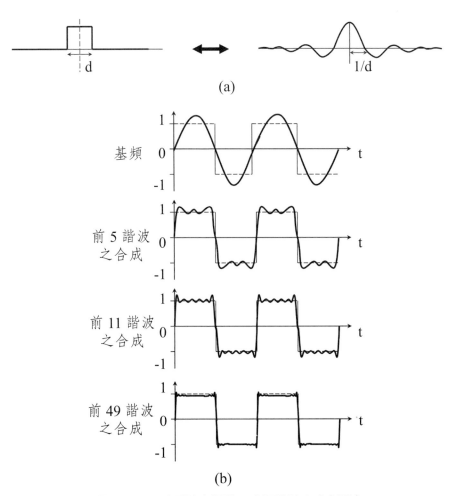

圖 2-12　(a)方形波之頻譜 (b)以正弦波合成方形波

2.4 ⑤ 信號的強度（dB）

　　信號的強度一般是以功率來衡量的，瓦（W）與豪瓦（mW = 10^{-3}W）是最常見的信號功率單位。信號處理或傳輸，會將原始信號放大或縮小，習慣上將放大稱為『增益』（Gain），將縮小稱為『衰減』（Attenuation）。而為了方便起見，將增益或衰減的倍數取對數來用，即是久聞大名的『分貝』（dB）。假設 Pin 是信號的初始功率（輸入功率），而 Pout 是處理或傳輸後的功率（輸出功率），則 dB 的定義是

$$10 \log_{10} (P_{out}/P_{in})$$

　　例如一個 4 瓦的信號在傳輸線的另一端量得 1 瓦，就可說信號損失了 6dB。因對數將『乘除』化為『加減』，工程師口頭上說的「增加了 3dB」，或「損失了 3dB」其實是「功率放大了兩倍」，或「功率損失了一半」的意思，對 dB 不熟的人常常誤解了。此外，dB 值既然只是一個倍數的單位，就不是衡量功率絕對值的單位，我們為何常常聽到「噪音 70 分貝」這樣看起來像是絕對值的說法？其實那是將噪音跟一個預定的標準聲音功率相比較得到的倍數，只不過沒有將標準聲音的大小說出來而已。在很多領域都將 1 瓦當作標準功率，如此，絕對值 100 瓦的功率就可以稱為功率 20dB，如此，dB 不僅代表倍數，有時還可用作功率的絕對值。除了 dB 之外，還有一個常見的 dBm，那是將 1 豪瓦（1mW）作為標準功率得到的 dB 值，假設一個信號有 x mW 的功率，可以依下列公式換算成 y dBm 的功率。

$$y(dBm) = 10 \log_{10} x(mW)$$

dB 與 dBm 的計算，因爲是對數之故，常與直觀的加減乘除大大不同，對 dB 的定義不熟的人常常誤用，務必謹愼爲之。讀者當緊記一個重要的原則及一個方便的口訣：

dB 值的加減等於倍數的乘除

口訣：Ten-Log-Ten

2.4⑥ 信號的品質——信噪比

信號在處理或傳輸過程中，常因種種因素，在輸出端得到扭曲過的信號，與輸入信號大有差異，我們將兩者之差異統稱爲「噪音」（Noise），而我們常用信噪比或訊噪比（Signal to Noise Ratio, S/N, SNR）來衡量信號品質，通常會以 dB 表示，數值越高越好。

$$10 \log_{10}\left(P_{signal}/P_{noise}\right)$$

2.4⑦ 電話系統品質的量度

工程師在設計電信網路時，最終的品質檢驗標準就是用戶所感覺到的品質。而品質衡量的標的有兩種，一種是用戶所聽到的**聲音的品質**，稱爲 **Listening Quality**，重視的是聲音的清晰度。另一種是對話的品質，稱爲 **Conversational Quality**。後者除了要量度聲音的清晰度之外，還要量度延遲時間，稱爲 **Mouth-to-Ear Delay**，亦即發話者發出聲音後，到達收聽者耳中所花費的時間。Mouth-to-Ear Delay 在對話中非常重要，如果時間太長，即使聲音很清晰，對話也很難順暢，會出現前言不對後語的情況。一般人能忍受的延遲時間上限約在 300ms 到 400ms 之間。當然，如果對

話雙方刻意降低說話的速度時，所能忍受的延遲時間可以增長。一般人在使用無線對講機時，說話者一定會乖乖等到明確的聽到前面一個人說話完畢的清楚信號，才會接著說話，因此即使延遲時間很長也不容易發生紊亂的對話。

除了以上兩種用戶端的品質衡量標的之外，還有一種是**線路品質**，稱為 **Transmission Quality**。現在的電話系統，用戶可以使用自己的電話機接上電話網路，電話公司只負責將線路接到住家入口，自然只需負責線路品質，而不需負責最終的聲音品質。

衡量品質的標準，最普遍的是由使用者憑感覺評定 1 至 5 五種等級，稱為 MOS（Mean Opinion Score），如表 2-4 所示。

表 2-4　MOS 量測等級定義

MOS 指標	使用者滿意度
5	很好（Excellent）
4	好（Good）
3	普通（Fair）
2	差（Poor）
1	極差（Bad）

MOS 是一種主觀式的指標，依個人感受不同，而可能有不同的評價，同時在實驗時，需要請專人實際操作，才能進行品質量度，非常耗時費力，很多利用電腦程式模擬的實驗會產生許多測試資料，更不可能使用人力去測量 MOS 品質，因此必須以工程參數，例如：延遲時間、錯誤率與抖動率等作為品質的衡量參數。此種衡量指標比較客觀，也比較容易做到，但冷冰冰的工程參數畢竟不如使用者自己的感覺更貼近用戶的真實感覺。兩種指標之間有憑經驗得出的換算公式，但只能得出近似值，畢竟 MOS 的衡量標準

是因人而異,並沒有絕對的標準。

　　國際電信標準組織 ITU-T 定義了一個用工程參數評量電話系統品質的計算方式,稱為 **E-Model**。E-model 使用信噪比,延遲時間,封包遺失率等參數計算品質分數。(對 E-Model 的計算公式有興趣的讀者,上網以 ITU-T E-Model 關鍵字查詢即可。)E-Model 最特殊的地方在於它考慮到其他因素的加分調整,稱為 **Advantage**,例如行動電話所提供的方便性,網路電話所提供的低廉價格,都可以提高品質分數。從另一個角度看,Advantage 提高了用戶對噪音或延遲時間的容忍度。例如,如果某一個用戶要求他家裡的固網電話必須非常清晰使得品質分數要達到 4 分才能接受,但是對行動電話而言,因為行動電話的便利性,使得用戶願意在 Advantage 上加 0.5 分,如此原本 3.5 分的品質,就因加分而達到 4 分的門檻,變得可以接受了。又如某用戶在固網電話上對延遲時間只願意接受 300ms 的上限,但網路電話以拉長延遲時間及較多的封包遺失為代價讓國際電話費用大幅降低,用戶可能願意忍受較差的音質以及降低說話速度來配合,因此可以接受較長的延遲時間,如此可以在 Advantage 項下加一些分數,提高 E-Model 品質分數,邁過用戶設下的品質門檻。

2.5 串音與回音

　　要將資訊順利傳送給對方,是信號傳輸最重要的任務,傳輸的過程中可能會受到衰減,雜訊(Noise),串音(Crosstalk),回音(Echo)等各種不同的干擾。『串音』指的就是信號在兩條線路之間因溢出的電磁場擾動而互相干擾,導致一條線路上的訊號出現在另一條線路上。若發生在電話線上,兩人在交談中就會聽到另外一條電話線上的聲音。由於電話線通常是一整束捆綁在一起,而傳輸中的訊號在導線上又會產生電磁場的擾動,信號透過電磁場干擾另一條導線,就造成了串音。

　　『回音』指的是『傳到遠方再反射回來的聲音』。回音有時是壞事，但有時卻是好事。在浴室裡唱歌，覺得特別好聽：原因是浴室的空間狹小而回音時間短，牆壁磁磚較光滑，且空間內無阻隔物，因此回音剛好能與原本的聲音相加，造成和聲效果，聽起來也比較大聲。雪梨歌劇院或二二八公園的露天音樂廳是最能體會到這種『有益的回音』的例子，在演唱者後面的『回音壁』距離與角度都是特別計算過的，舞台上發出的聲音經過後面回音壁反射，剛好與原本的聲音疊加，使能量集中，傳遞距離增加，不需擴音機即可讓演唱者的聲音傳達全場，而且有和音的效果，讓演唱者的聲音更好聽。但並非所有回音聽起來都是悅耳的，若反射的距離較遠，回音時間拉長，使得耳朵能感覺到回音與原本聲音的時間差距，就會產生令人不舒服的回音，這種回音屬於『有害的回音』。某些大禮堂就會因回音時間較長，人耳聽到的都是互相重疊干擾的聲音，很難聽清楚講台上的演講。室內音樂廳的牆壁都經過特殊設計能將有害回音降低。傳說某一早期歌劇院利用聽眾所穿的長袍消除回音，但後來長袍退出流行之後，歌劇院的音響效果就急遽下降，經過很長時間的研究才找出原因。

　　介紹回音消除技術之前，我們先介紹主動式噪音消除技術。目前市面上有一種抗噪耳機，能消除外界的雜音，讓戴耳機的人只聽

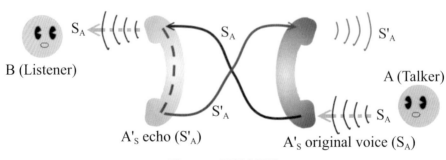

圖 2-13　電話之回音

到音樂聲。抗噪的手段除了藉由隔音材質（例如：海綿）隔絕外界聲音以外，另有一種稱為『主動式除噪』（Active Noise cancellation）的機制，其原理是利用一個麥克風接收外界雜音，經過『反向』（將波形正負顛倒）後再播放到耳機內，使得人耳聽到的外界噪音與反相噪音剛好互相抵銷，人耳就聽不到噪音了。同樣的道理就能解釋為何雙聲道音響的喇叭線若不慎將其中一邊接反，聲音會互相抵銷而失真。

　　在使用電話時，聲音由發話者的麥克風經過電線傳到收聽者的聽筒，又被收聽者的話筒收回，進入電話線送回原發話端，導致發話者從聽筒重複聽到自己的聲音，造成電話中回音的現象。原因之一是，電話的手持聽筒是固體的，其傳輸效率非常好，從聽筒發出的聲音很容易傳導到話筒，因此電話很容易產生回音，（除此之外，電話線路中有個四線轉二線的電路也會產生回音，這裡不贅述），所以電話系統都必須加入回音消除機制（Echo cancellation），否則聲音品質會大受影響。其機制與主動式噪音消除機制類似，將聲音預先存下來並反相，等到回音傳來時，再加入相反的訊號將回音抵銷。只要時間計算正確，就能大幅削減回音。

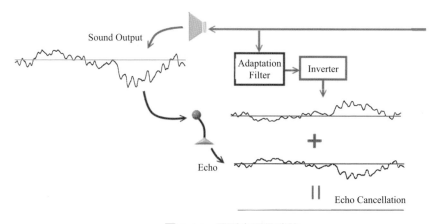

圖 2-14　電話之回音消除

現在很風行的網路電話（VoIP），多半不使用制式的電話聽筒，很常見的是使用電腦喇叭發出對方的聲音，而利用麥克風收進發話者的聲音，如此，喇叭發出之聲音，經過室內牆壁或其他事物反射，又被麥克風收進去，造成延遲時間不等的回音。由於回音時間不能預先確定，傳統簡單的回音消除裝置不能有效的消除回音。經過多年的研究不斷改進，如今的網路電話多半能將回音消除的很好，但效果仍比不上傳統的電話。

2.6 訊號傳送技術

多年來通訊技術長足發展，發明了許多技術可將訊號傳得又快又好。所謂的『快』，除了降低信號的傳遞延遲時間之外，更重要的是要在傳輸媒介的能力範圍內盡可能提高其『單位時間內的資訊傳輸量』，而所謂的『好』，就是低雜訊、低失真等。本節將介紹一些基本技術。（本節仍統一使用『信號』一詞，以求與前節一致。）

2.6① 數位與類比信號

信號可以用類比（Analog）或數位（Digital）方式去傳，如果將原始聲音或影像等信號直接交由傳輸系統傳送，則是「類比信號」，如圖 2-7(a) 所示，處理過程較簡單，但傳輸品質則難以保證。而數值資訊（例如 E-mail）通常以 0 與 1 的二進位編碼，類比信號也可以轉換成 0 或 1 等二進位編碼，則是所謂的「數位信號」。而 0 或 1 等數位信號要放進電子傳輸媒介之前，必須先將 0 與 1 等符號用電位的變化來變成電子數位信號，此稱為『編碼』（Coding），例如：用高電位（3-5 伏特）代表 1，用低電位（0-1 伏特）代表 0，得到如圖 2-16 所示之電子數位信號。由於牽涉到很多複雜的電磁作用，如此簡單的編碼在傳輸時有很多缺陷，因此通訊專家們研發了很多更好的編碼方式，但為簡單起見，我們仍以圖 2-16 的編碼方式代表數位信號。請記得，實際上放到

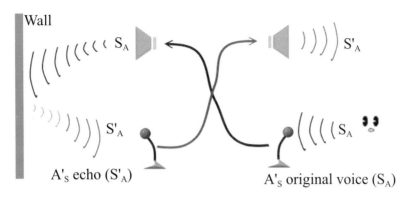

圖 2-15　網路電話（VoIP）之回音

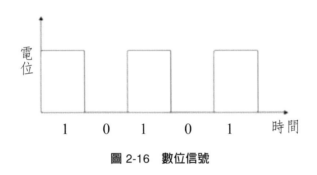

圖 2-16　數位信號

傳輸媒介的電子數位信號，可能與此圖大為不同。

　　數位傳輸最大的優勢就是抗雜訊的能力。對傳輸而言，只要是原始信號以外的所有電壓波動都稱為雜訊（Noise）。當使用類比傳輸時，一旦信號受到雜訊的感染，就像傳統黑膠唱片沾上了灰塵，被唱針讀出來後就多出了雜音，無法去除。但在數位系統中卻可以很容易的將雜訊濾除，因為接收端只需要判別接收到的信號是 0 或 1 即可，因此在波形上的細小變化不會對 0 與 1 的判別造成干擾如圖 2-17 所示。

0 1 0 1 0 1 1 0

圖 2-17　受雜訊干擾之數位信號

　　在長距離傳輸時，如果雜訊累積太大或其他因素造成扭曲，而導致 0 與 1 的誤判，則可以在中途加上中繼設備（Repeater），將信號接收，判斷其為 0 或 1，然後再重新發出，即可將信號重新『整形』而消除雜訊的干擾，降低最後的錯誤率。

　　此外，數位信號可以方便的讓很多具有電腦計算能力的處理器加以處理，例如使用抗雜訊能力的編碼、可偵測錯誤或自動改正錯誤的編碼、加密編碼、或傅立葉轉換等，這些都是類比系統無法望其項背之處，近代很多電子設備都演變成數位化，不是沒有原因的。

2.6 ② 調變，基頻傳輸與寬頻傳輸

　　信號在傳輸時，常常先『調制』（Modulate）在一個高頻『載波』（Carrier）上再傳送出去。原始的類比或數位信號稱為『基頻信號』（Baseband Signal），而調制過的信號則沒有固定的名稱，比較常見的是『射頻信號』（Radio Frequency Signal, RF Signal）。如果將基頻信號直接放到傳輸媒介上去傳送，稱為『基頻傳輸』（Baseband Transmission），反之則稱為『寬頻傳輸』（Broadband Transmission）。調制的技術稱為『調變』（Modulation）。舉例而言：傳統的電話是類比信號，在電話線上傳輸時也是直接傳輸，這種就是基頻傳輸。而收音機或電視廣播系統中，並非將聲音的電子信號直接在空中以電磁波傳送，而是調制在一個載波上再廣播出去的。例如 ICRT 在台北地區的頻率為

101.7MHz、中廣爲 96.3MHz，這就是就是他們的載波頻率。寬頻傳輸的信號需在傳送端進行調變，而在接收端『解調變』（De-modulation），成本勢必增加，因此除非必要，否則並不會採用寬頻傳輸。

　　所謂的調變，有很多種方式，最簡單的是『**調幅**』（AM, Amplitude Modulation），讓載波的振幅隨著原始信號的振幅而變化；而『**調頻**』（FM, Frequency Modulation）則讓載波的頻率隨著原始信號的振幅而變化，如圖 2-18 所示。圖中(a)爲原始的聲音信號，(b)爲載波，而在分別經過 AM 與 FM 調變之後則成爲(c)與(d)的波形。

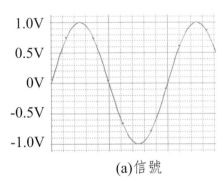

(a)信號

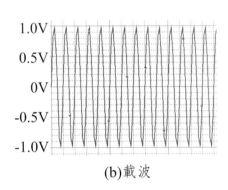

(b)載波

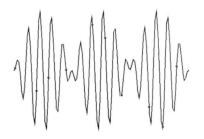

(c)AM 調變信號

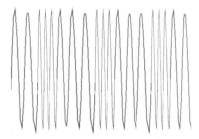

(d)FM 調變信號

圖 2-18　AM 與 FM 調變

　　信號的調變，看似難懂，其實不難理解。可以想像運動會上的利用色板進行的排字活動。色板就像是載波，本身並未攜帶任何訊息，而欲展示的訊息則藉由控制色板的變化呈現出來，這就很像將信號調制於無線電載波上。相較於固定字型的大幅布條，將訊息藉由排字活動展現出來，更為靈活多變。民國百年國慶典禮上，陸軍專科學校所展演的人體 LED 燈，氣勢何等磅礴。同樣的，寬頻傳輸先將信號調制於載波上，再傳送出去，相較於直接將信號放進傳輸媒介的基頻傳輸，有很大的好處，將在後續的章節中陸續介紹。

　　在廣播電台方面，每一個電台分配有一個固定頻率的載波，而將聲音信號調制於此載波上再發射出去，不但信號可以傳得很遠，而且無線電頻道不會被某一個廣播電台獨佔，因各電台的載波頻率不同，可以彼此共存，於是一個傳輸媒介就可以藉由寬頻傳輸分割給很多使用者使用（此稱為分頻多工）。

2.6❸ 數位信號的基頻傳輸與寬頻傳輸

　　經過編碼後的數位信號由方形波構成，只有高電位（1）或低電位（0）兩種狀態。但如同前述，方形波的高頻諧波成份很多，如圖 2-19 所示，(a)是一個方形波的時域，而(b)則是經過傅立業分析展開後的頻域。

　　如果將數位信號直接用基頻傳輸，在導線上需佔用的頻寬較高也較寬，而且高頻信號容易漏失，再者，處理頻譜寬廣的信號遠

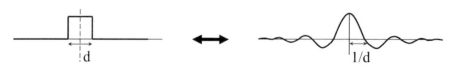

圖 2-19　方形波的頻域

遠比單一頻率的信號來得複雜，在接收端接收到信號的可能如同圖 2-20 那樣糟糕。所以，方形電磁波直接放在電磁媒介上傳輸，在高速下難以傳得很遠。

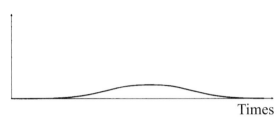

圖 2-20　方形波基頻傳輸的可能結果

　　電子工程師在測試一個電子電路的傳輸效能時（例如測試 USB 設備的傳輸速度），常用正反兩個方波送入電路之輸入端如圖 2-21(a) 所示，而在輸出端觀察結果如圖 2-21(b)，輸出端的波形看起來就像一個眼睛（Eye），眼睛越大代表效果越好，眼睛越小則效果越差。

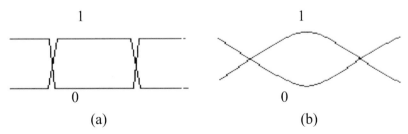

圖 2-21　數位信號的傳輸品質測試：(a)輸入信號 (b)輸出信號

　　由於方形波的寬廣頻譜，基頻傳輸不利於傳輸長距離的方形波信號，通常使用寬頻傳輸將方形波信號調制在一個正弦載波上再放進傳輸媒介上較好。例如 Ethernet 的信號由於傳輸距離不長（數百公尺內），因此可以採用基頻傳輸，但 ADSL 的信號必須在電信交換機房與用戶家中透過數公里長的電話線傳輸，則必須採用寬頻傳輸。

　　圖 2-22 是一個數位信號的調變之例，圖中的上圖是原始數位信號，而下圖則是經過調變的信號，雖然看起來像是類比信號，但其中包含的訊息（information）仍然屬於數位信號，而非類比信號。（很多人常被信號的波形所誤導，誤以為那是類比信號。）

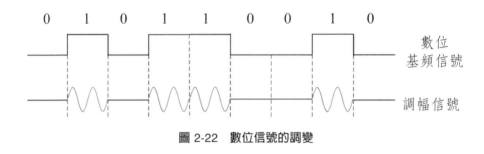

圖 2-22　數位信號的調變

2.6 ④ 頻寬與 Shannon Capacity

　　由前幾節的討論可知，一個頻寬 100K Hz 的媒介，在傳輸數位信號時，不一定得到 100K bps 的速度，受到距離及調變技術的影響，可能大於或小於 100K bps。這也是很多初學者經常感到困惑之處。一個媒介的頻寬，通常以可容納的正弦波的最高頻率表示，其單位為 Hz（Hertz），而數位網路的速度（其實是頻寬），其單位為 bps（bits per second），但媒介的頻寬與網路速度（頻寬）是不同的，當看到頻寬這個名詞時，讀者須看看其使用場合才

能決定其真正意義。（此外，網路速度與電磁波的傳輸速度也是很容易混淆的名詞，將在下節說明。）

通訊工程師常須面對的挑戰是：在一個傳輸媒介上利用各種技術盡可能擠進越多的 bps 提高網路速度，但網路速度不可能無限制提高，那其上限何在？由哪個參數決定其速度上限？Claude E. Shannon 在二次大戰期間提出了一個理論，稱為 Shannon Capacity Theorem，被所有通訊工程師奉為圭臬。擁有一個頻寬 H 的媒介，其傳遞資訊的上限由 H 及媒介的品質（信噪比，SNR）決定，其公式如下：

$$最大傳輸速率（bps）= H \log_2(1 + S/N)$$

例如：一條電話線的頻寬為 4 KHz 而 SNR 為 30 dB（亦即：信號與噪音之功率比值為 1000/1，約等於 2^{10}），則其最高網路速度上限約為 4K×10 = 40 Kbps。

2.6⑤ 網路速度與傳輸延遲

數位網路的頻寬，也稱為網路速度，很多初學者習慣了『速度』一詞，在討論『傳輸時間』時，經常直接將檔案大小除以網路速度得到「解答」，而忽略傳輸延遲時間（Propagation Delay Time）。舉例而言，在速度 1Mbps 的網路上從美國下載一段 600M bytes 的影片，需花費大約 80 分鐘，很多人都理所當然的認為：以同樣的速度傳輸 1000 bytes 的資料時，僅需花費 8ms，竟然比光速還快！這樣的想法就忽略了『傳輸距離』這個重要的因素。如同郵寄信件一樣，從臺北寄信到高雄或到美國，所花費的時間必定不同。在網路電話這種對於延遲時間斤斤計較到毫秒（ms）的應用上，這種輕忽將常導致很荒謬的研究結果。

電磁信號在傳輸媒體上是以光速傳遞的，而光速雖然快，但

仍然需要花費一點時間。而這時間之長短取決於距離，與網路頻寬（網路速度）無關，再快的頻寬也無法降低傳輸延遲時間。當使用網路傳輸很大的檔案時，很少會感覺到這個時間的存在，因為相對於檔案傳送時間，傳輸延遲實在太短了（即使繞過半個地球，也只有 1/15 秒）。但若傳送的資料是一小段很短的訊息，就可明顯感受到傳輸延遲的存在。尤其是使用網路電話（VoIP）通話時，因為電話能容許的延遲時間非常短：當通話者其中一方說話時，另一端必須要在 300ms 之內聽到，否則就會影響雙方的溝通，此時這個因距離所引起的延遲時間就顯得非常重要，因為網路電話還必須額外耗費時間於聲音編碼與選擇封包路徑等演算的執行，如果這些額外花費的時間太長，很容易就超出 300ms 的上限。

　　若將距離拉的更遠來看，地球與月球之間的平均距離約為 38 萬公里，以光速行進需時 1.28 秒才能到達，因此地球上的控制中心在與月球上的太空人通話時，至少會延遲一秒多才能讓對方聽到，而地球到太陽則約需 8 分鐘，更不用談海王星，冥王星甚至太陽系以外的星球了，所以在以『光年』衡量距離的外太空中的即時通訊只是科幻小說中的幻想而已。地球上的通訊，若使用衛星作為電話的傳輸媒介時，僅能選擇中低軌道衛星（距離地面數百至數千公里），若採用高軌道的同步衛星（距離地表約 35,830 公里），則傳輸延遲會大大的嚴重影響雙方的溝通。

　　同理，對時間要求異常嚴格的高速電腦，對傳輸延遲也非常敏感。電腦的數位電路都是靠工作時脈（Clock）產生的脈衝驅動的，就像閱兵典禮中軍隊分列式的鼓聲一樣，Clock 每送出一個時脈，所有電路跟著往前走一步，以達到電路之間的『同步』（Synchronization）。隨著電腦的 Clock 越來越高達到 GHz（Giga Hertz）以上，數位電路能保持同步的時間範圍就越來越窄了，以 1GHz 的 Clock 而言，脈波時間僅有 1ns，在此短短的時間內，信號僅能行進 30 公分而已，若傳輸距離超過 30 公分，數

位電路就無法同步：電路板上距 Clock 的較遠的一個元件 A 剛收到第一個時脈的時候，距 Clock 較近的元件 B 已經收到第二個時脈。這樣的問題隨著電路時脈之提昇而顯得越來越嚴重，電路設計必須對每一公分的距離都要斤斤計較，更不可能出現體積龐大的超級電腦。

2.6⑥ 單工與雙工

類似一般的道路有單行道，也有雙向道。一個傳輸通道可能僅支援單向傳輸，就像電視廣播一般，電視機僅能收訊，而不能發訊，此種模式稱為單工（Simplex）。一個傳輸通道也可能支援雙向傳輸，可以從任意兩端收發，稱為雙工（Duplex），而雙工又可細分為全雙工（Full-Duplex）和半雙工（Half-Duplex）。全雙工就像我們使用的電話一樣，兩邊可同時發話，也可同時聽到對方的聲音。而半雙工則像無線對講機（Walkie-Talkie）一樣，雖然兩邊都可發話，但同一時間內，僅能讓一個人發話，另一端僅能收聽。

請注意，切勿將單工雙工與下節將介紹的多工技術（multiplexing）混在一起，兩者所關注的重點是不同的。『多工』（multiplexing）技術指的就是在一個傳輸媒介上建構多個傳輸通道，同時傳輸多組信號，以增加傳輸媒介的利用率並分攤其成本。

2.6⑦ 多工

傳輸媒體要如何使用，才能達到最佳的效率？以一條海底電纜而言，如果同一時間只能讓一對用戶使用電話，則使用率極差，每分鐘的平均成本將極為可觀。設計者當然希望稀有資源能讓多人同時使用，以達到最佳的使用效率，降低每個使用者所分攤的成本，如同電腦 CPU 的多工處理一樣。一部伺服器可以同時讓多個使用者登入，同時執行多個程序（process），同理，電話線也可利用

多工技術讓多人同時使用。

最常見的多工方式就是電視與收音機使用的**分頻多工**（Frequency Division Multiplexing, FDM），將傳輸媒體（電波或導線）傳輸的信號以頻率分割為多個頻道，每個頻道佔用不同頻率，就能利用寬頻傳輸同時傳遞多個頻道的節目。同樣的技術用於光纖傳輸時稱為**分波多工**（Wavelength Division Multiplexing, WDM），將不同波長的光信號混合在一起透過光纖傳遞，接收端再利用光學透鏡將光線分割，進行解多工將各個信號流分離出來。早期的多工技術多半使用分頻多工，因為頻率的處理，可以使用便宜的電感—電容電路（LC 電路），而不須使用當時還很昂貴的數位電路。家中一條電話線可以同時提供電話及 ADSL 上網，就是使用分類多工技術達成的。

另一種通訊上常用的多工方式為**分時多工**（Time Division Multiplexing, TDM），其原理為將時間細切，並使用一個極為迅速的電子開關讓所有通訊者之間輪流傳遞資訊。只要切換的速度夠快，讓使用者感覺不到通訊的間斷，就能讓所有使用者感覺好像擁有一條專用的線路一樣。

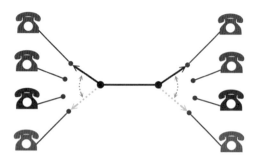

圖 2-23　電話線的分時多工

　　分時多工最大的挑戰在於如何讓線路兩端的開關保持同步，亦即：兩端的開關必須保持同樣的切換速度與位置才能正確傳輸資訊到目的地，否則線路兩端的使用者會陷入「雞同鴨講」的狀況。傳輸線的兩端距離可能非常遙遠，要保持同步並非易事。再者，共享一條傳輸線的使用者越多，速度越高，則能容許的時間誤差越低，同步越困難，因此電信公司通常使用造價昂貴但極為精密的原子鐘來提供同步信號。分時多工之技術須依靠數位電路來實現，故早期當數位電路較為昂貴時，使用分時多工技術之系統比分頻多工系統稀少。

　　隨著技術的進步，更先進、傳輸效率更好的多工技術被發展出來，例如：第三代行動電話所使用的 CDMA（Code Division Multiple Access）就是一種更為先進的多工技術。

2.7 類比數位轉換

　　將類比信號轉為數位信號的數位化過程稱為 **A/D 轉換**（Analog to Digital Conversion），而反過來將數位信號轉為類比信號的過程稱為 **D/A 轉換**（Digital to Analog Conversion）。A/D 的過程可以簡單的分為兩個步驟：每隔一段時間測量信號強度，稱為**取樣**（Sampling），接著將它換成數字記錄下來，稱為量化，（Quantization），如圖 2-24 所示。

　　在 A/D 時有兩個重要的考慮因素，分別是取樣的間距時間（取樣頻率）和量化的精密度（一個數值需佔用多少 bit）。取樣頻率越高越好，量化數值越精密越好，但得到的資訊量也越龐大。從圖 2-25 中可看出不同的取樣頻率對於品質的維持有重大影響。若取樣頻率太低，導致取樣數量不夠，則信號經過轉換後，細節就會遺失。如圖 2-25(a)，取樣頻率夠高時，信號的波幅可正常記錄；但若依照圖 2-25(b) 的取樣頻率，失真就極為嚴重。

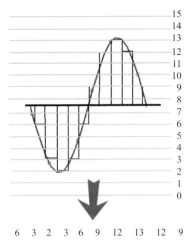

6 3 2 3 6 9 12 13 12 9

圖 2-24　A/D 類比數位轉換

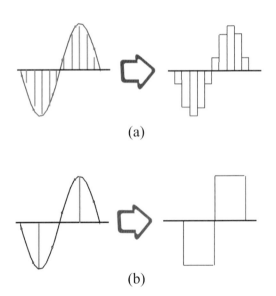

(a)

(b)

圖 2-25　不同的取樣頻率：(a)取樣頻率高 (b)取樣頻率低

　　為了降低資訊量節省成本，工程師必須在能保證品質的條件下，找出最低的取樣頻率。Harry Nyquist（1889-1976）提出了

一個很重要的理論，俗稱為 Nyquist Theorem：取樣頻率至少需為信號中最高頻率的兩倍。例如：一般人聲的能量大部分分佈於 4 KHz 以下，因此現存的電話系統都採用 8 KHz 的取樣頻率，就能完整紀錄 4 KHz 以下的信號，確保通話品質。但製作音樂 CD 時，為了確保音樂的品質，必須完整記錄人耳所能聽到的 20 KHz 以下的所有頻率（否則許多樂器的泛音就聽不到了），此時取樣頻率就必須高於 40 KHz（音樂 CD 的標準取樣頻率為 44.1 KHz）。

　　而量化的數值要多精密才足夠？若將信號切為 8 等分，變化的範圍從 0 到 7，則每一筆數值只需要 3 個 bits 就能完整紀錄（二進位 000~111）。但若切為 16 等分，則需 4 個 bits（2^4）才能紀錄 16 種數值。

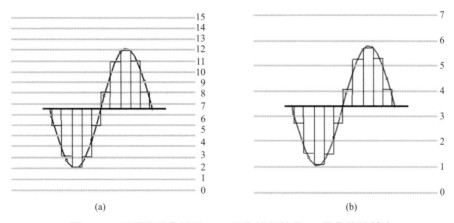

圖 2-26　不同的量化等級：(a)量化等級較多 (b)量化等級較少

　　量化的過程中會將信號大小『四捨五入』，如此必然有誤差產生。而切割的越細誤差就越小，但相對的，所產生的資料量也越多。對於電話信號而言，若使用 4 個位元（16 種數值）時，不足以記錄聲音細節，因此通常採用 256 個量化等級，每個樣本需使

用 8 位元記錄。同樣的，對於數位化的音樂而言，256 個量化等級誤差太大，不足以記錄音樂瞬間變化的細節，因而數位化音樂都使用至少 16 個位元記錄取樣數值，如此就可表示 65,536 種變化等級。

以上描述的 A/D 編碼方式稱爲 PCM（Pulse Code Modulation），每一組取樣用一個數值來紀錄。採用 PCM 編碼，電話網路傳輸聲音需要的頻寬爲 64 Kbps（8000 樣本／秒×8 bits／樣本 = 64 Kbps），這幾乎是全世界電話公司共用的標準。

但行動電話及網路電話系統爲了節省頻寬，通常會將數位信號壓縮後再傳輸，大幅降低無線電頻寬與網路頻寬的消耗。（壓縮的方式則視編碼器而定）。

補充教材

2A 電流、電子流、及電磁訊號之傳遞速度

電荷的流動就是所謂的『電流』，而電子的運動稱爲『電子流』，兩者是不同的。因電子帶有負電荷，所以電子流自然也會產生電流，但很不幸的是：電流的方向被定義爲正電荷流向負電荷，所以電子流的方向與其所產生的電流方向是相反的。早期的電視機以映像管作爲螢幕，映像管後面有支電子槍，電子槍射出電子流撞擊在螢光幕上呈現影像，那就是典型的電子流，其流向是從電子槍到螢幕，但根據電流的定義，其電流的方向是從螢幕到電子槍，剛好相反。

電流會消耗能量，與電阻成正比，也與電流的平方成正比（功率 $P = I^2R$），對電壓、電流、電阻、電磁轉換的基本知識有興趣的讀者可以找一本簡單的基本電學複習一下。

嚴格說來，電子訊號在導線中傳遞時，並非依靠電子由一端

「流」到另一端。電子訊號其實是以電磁波的方式以接近光速傳遞過去的，就像一串緊貼在一起的撞球，從一邊敲一下，另一邊的球就在瞬間彈出去，但撞球並沒有從這一端移動到另一端，它只是一個震波傳過去，其速度遠超過圓球的滾動速度，幾乎就是瞬間發生的。同理，電子訊號在導線中就像撞球一樣是以電磁波在傳遞的，其速度比電子的運動快很多，跟光速一樣。（一個簡單的物理觀念：如果有一個球掉在池塘中，我們是否可以丟石頭產生水波把球慢慢移動到岸邊嗎？答案是做不到。因為水面只是上下擺動而已，水波看似在行進，但水並未隨著波在前進，而是能量借著波傳遞過去，而電磁波的傳遞也是一樣的）。

　　光速雖然是很快，可是對電腦這種動輒以毫秒（ms = 10^{-3} 秒）或奈秒（ns = 10^{-9} 秒）的速度執行計算任務的場合而言，其傳遞時間時還是不可忽略。現在的 CPU 最起碼都有 1GHz 以上，在一秒鐘內可以運行 10^9 個步驟，這意思就是一個運算步驟的時間不到一奈秒。在這麼短的時間裡面，光（或電磁波）可以跑多遠？只有 30 公分而已。所以『光速雖然很快但還是不夠快』，請參考 2.6.5 節的討論。第一部商用超級電腦 Cray-1 的各個處理器排列成圓形，使得整部機器造型像一個高背的圓形沙發，其用意就是要減短處理器之間連線的長度，減少資料傳遞時間。從事通訊網路或電腦網路研究的讀者在進行研究時，切記不要忽略了長距離傳遞訊號時所需的傳遞時間。

2B　電容器基本原理

　　兩個導體（電極）之間距離越接近，電容器的電容量越大，也跟電極的面積成正比。而電荷的移動就是電流，但電容器內部是斷路，電荷無法通過，為何依然會有電流？圖 2B-1 是一個電池接上電容器的例子，電池的正極(a)提供正電荷，負極(b)提供負電荷，

電池接上去的瞬間，因為正負電荷互相吸引而流入電容器，因電荷被中間介質擋住流不過去，堆積在電容器的兩個電極上，這就是電容器的充電。而電荷的流動就是所謂的電流，所以電容器在充電這一瞬間就產生了電流。圖 2B-2 中，(a)是電容器中電荷量的變化，而(b)則是電流的變化。

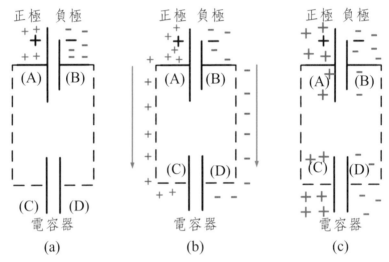

圖 2B-1　電容器接上電源：(a)初始狀態 (b)電荷流動 (c)穩定狀態

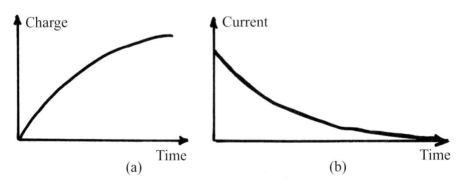

圖 2B-2　電容器上的電荷及電流變化：(a)電荷 (b)電流

　　如果將電池的極性如圖 2B-3 所示反轉，讓正極變負極，負極變正極，正負電荷突然同在一條導電通路上，立刻互相中和，電荷流動的過程，又產生了電流，直到穩定下來。此時若再將電池轉個方向，則瞬間又會有電流產生，但方向相反。依此類推，若電池一直變換方向，電流就持續在流動。

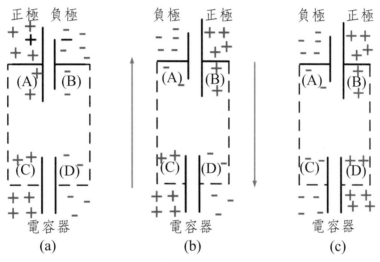

圖 2B-3　電池變換極性：(a)初始狀態 (b)極性變化導致電荷流動 (c)穩定狀態

　　電流會消耗能量（I^2Rt），電源方向變化速度越快，所產生的電流越大，消耗的能量就越大。電子訊號的頻率越高，變化就越快，通過電容器的電流就越大。理論上，電容器中電流與電壓的變化率（微分）成正比。也因此，電子訊號的頻率越高時，從寄生電容漏掉的訊號就越多。

2C 調幅（AM）、調頻（FM）、相位調變（PM）與 QAM

採用寬頻傳輸時，信號必須經過調變。最常見的調變信號就是**調幅**（AM）與**調頻**（FM），也就是將類比的聲音信號調變後以無線電波傳送。AM 調變中，載波的振幅是隨著原始信號的振幅大小而改變，而頻率則維持不變，因此稱作振幅調變（Amplitude Modulation，調幅），在解調的時候只需要將振幅的變化取出來，就能還原出原始的信號。而在 FM 調變中，則是讓載波的頻率隨著原始的信號的振幅大小而改變，振幅越大則頻率越高，但振幅卻不改變，因此稱為頻率調變（Frequency Modulation，調頻）。根據我們收聽廣播時的經驗，FM 收音機的音質明顯的比 AM 收音機好很多，其原因至少有兩項：

雜訊（Noise）問題：通常無線電波受到雜訊干擾時，都是在振幅上受到影響，對類比信號而言，一旦摻入雜訊就無法去除，因此雜訊就跟著調變的振幅一起被解調變，從收音機中播放出來。但對於 FM 調變而言，傳輸的信號即使在振幅上感染雜訊，頻率也不會有變化。接收端（收音機）在解調變時並不在意振幅的變化，因此仍然可還原原始信號，而不受雜訊之影響。

頻寬問題：AM 廣播中，每一個頻道能分配到的頻寬僅有 10KHz，遠比 FM 每頻道有 200KHz 頻寬來的少。頻寬越大，能傳輸的訊息自然就比較多，因此 FM 廣播每個頻道都可以容納兩個聲道（立體聲），但 AM 廣播所獲頻寬不足，只能容納單聲道信號。

與類比信號相同，在傳輸數位信號時，同樣可以做 AM 和 FM 調變，同樣有載波，只是原始信號只有 0 與 1 兩種。一個簡單的調幅電路就是：信號為 1 的時候就送出載波（有振幅），信號為 0 時就不送（無振幅）。而調頻則只要用兩種不同頻率來區分 0 或 1 即可。此外，還有**相位調變**（PM）及兼用調幅及相位調變的 **QAM**

（Quadrature Amplitude Modulation），我們將在下面說明。

　　相位調變 PM（Phase Modulation），則是以載波的相位角度變化對應於數位信號。以圖 2C-1 舉例而言，將圖(a)中正弦波代表 0，而將此載波位移 180 度成為圖(b)的波形，代表 1。如此，用兩種相位角可以代表一個 bit。如果使用 4 個相位角，就可以代表 2bit 共四種狀態（例如：$0° = 00$、$90° = 01$、$180° = 10$、$270° = 11$）。

　　相位調變的相關電路比較複雜，接收端必須要在極短的時間（一個週期內）對於信號的相位做出判斷，需要靈敏度極高的電路，成本自然較高。而相位調變的優勢則是傳輸效率較高，亦即在同樣頻寬佔用的狀況下，相位調變能傳輸的資訊量較大。

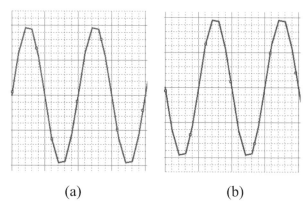

(a)　　　　　　　　　　(b)

圖 2C-1　數位資料 0 與 1 的 PM 調變：(a)位元 0 (b)位元 1

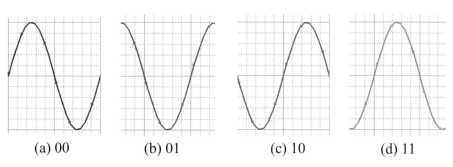

(a) 00　　　　(b) 01　　　　(c) 10　　　　(d) 11

圖 2C-2　四相位 PM 調變：(a)$0° = 00$ (b)$90° = 01$ (c)$180° = 10$ (d)$270° = 11$

傳輸數位信號時，自然希望載波能攜帶的資訊量（即 bit rate）越多越好。使用 AM 調變時，需要至少一個完整的週期才能傳遞一個 bit 的資訊（參考圖 2-19）。但若採用 PM 調變，則可以將一個週期的信號切為數個相位轉折點，讓載波可以在每一個相位轉折點，轉變相位角，這個轉變等於是攜帶一個數位信號，使得同樣頻率的載波可以攜帶更多的信號，提高傳輸速率。過去使用數據機（Modem）撥接上網的時代，數據機就是利用這樣的調變技術。短短幾年內，數據機的傳輸速度從最早期的 120 bps（bits per second）開始，迅速的增加至 300、1200、2400，直到最後提升到 56 Kbps，調變技術在速度的提升上扮演非常重要的角色。電路將相位切割的更細，則傳輸速度就越高。數十年來，電子硬體技術飛躍發展，時至今日，相位調變的電路已經非常便宜，幾乎所有行動電話都使用兼用調幅與相位調變的**正交調幅**（**QAM**, Quadrature Amplitude Modulation）技術提升頻道使用效率，以便在有限的無線電頻寬中，讓更多的使用者同時使用。

QAM 是一種兼用調幅與相位調變的技術，例如以圖 2C-2 之例，先定義 $0° = 00$、$90° = 01$、$180° = 10$、$270° = 11$，然後再定義高電位（例如：5v）為 1，而低電位（例如：2v）為 0，如此我們就可以得到一組編碼如表 2C-1 所示。

QAM 的編碼通常以星宿圖（Constellation Diagram）表示，其實那就是解析幾何數學中的極座標表示法。

讀者也許有個疑問：如果將相位及每一階的電位切得很細，是否可以無限制的增加編碼長度，以盡量提升傳輸速度？其實，天下沒有白吃的午餐，PM 或 QAM 調變的傳輸速度不能無限制的提昇，任何傳輸媒介都有其最高速度（bits per second）的限制，不可能讓傳輸速度無限制的提高。那速度上限到底在哪裡？請參考 2.6.4 節的討論。

表 2C-1　QAM 調制之例

信　號	編　碼
0°, 2v	000
0°, 5v	001
90°, 2v	010
90°, 5v	011
180°, 2v	100
180°, 5v	101
270°, 2v	110
270°, 5v	111

參考文獻

1. Behrouz A. Forouzan, "Data Communications and Networking," 4th. Ed., Feb, 2006, McGraw Hill.
2. John C. Bellamy, Digital Telephony, 2000, Wiley.

練　習　題

1. 請舉出三個影響電磁信號在金屬導線上傳遞之效率的因素。

2. 承上題，就三個因素比較同軸電纜與雙絞線。

3. 承上題，說明為何光纖比同軸電纜有更高的頻寬。

4. 何謂寄生電容？對信號的傳輸有何影響？

5. 當位於地球兩端的人在通電話時，收話者至少要等多少時間才能聽到發話者的聲音？

6. 一塊正方形電腦主機板之邊長為 30 公分，而時脈產生器放置於主機板正中間，當 CPU 時脈為 2GHz 時，前後兩個時脈相距多少公分？位於中央位置與邊角位置的 IC 是否能「同時」接到同一個時脈？（意指當邊角 IC 接到第一個時脈時，中央部位的 IC 尚未接到第二個時脈。）

7. 耳機線所使用的『雙芯隔離線』，其包覆訊號線的金屬網有何作用？

8. 光線在光纖中傳遞時，如何能隨著光纖的轉折而轉折？

9. 光纖在施工時，不能如同電線一般隨便纏繞折疊，請說明原因。

10. 傳立業轉換（Fourier Transform）是什麼？對信號分析有何好處？

11. 為何不同樂器所發出的同音階聲音聽起來不同？

12. 請從頻率的觀點分析電子樂器與天然樂器之不同。

13. 以傳立葉分析法分析方形波之後，有何現像，使得方形波不適合長距離傳輸？

14. 某天線可增強信號 10 dB，可增加收訊強度多少倍？

15. 某擴音機之放大率為 30 dB，當輸入信號功率為 10dBm 時，輸出信號之功率為多少毫瓦，多少 dBm？

16. 某一個信號源之強度為 100 毫瓦，而受到一個 1 毫瓦的雜訊干擾，其信噪比（SNR）為多少 dB？

17. 如何以 MOS 量度電話系統的通話品質？

18. 如果無法以 MOS 量度電話系統的通話品質時，應測量什麼參數來量度？

19. 使用 E-Model 量度聲音品質時，Advantage 是什麼作用？

20. 何為串音（Crosstalk）？其形成之主要因素為何？

21. 為何浴室內唱歌比較好聽？

22. 露天音樂廳舞台背後的回音壁之作用為何？

23. 在何種情況下，回音會變成惱人的聲音？

24. 請說明主動式噪音消除技術（Active Noise Cancellation）之原理。

25. 請說明傳統電話系統如何消除回音？

26. 使用數位信號傳輸信號為何比類比信號為佳？

27. 基頻信號（Baseband）與射頻信號（Radio Frequency Signal）有何不同？

28. 將信號調制在載波上再傳送出去，有何好處？

29. 請舉出三種信號調變技術。

30. 調頻廣播（FM）為何比調幅廣播（AM）更能抗拒噪音？

31. 一條 1M Hz 之金屬導線，若其 S/N 值為 60dB，請用 Shannon Capacity Theory 求其大約最高 data rate（bps）？

32. 以相同的網路速度傳送一個檔案到 30 公里之外與 3000 公里之外的目的地，其傳輸時間相差大約多少？

33. 地球與太陽系外星球以任何方式進行即時交談的可能性為何？

34. Full-Duplex 與 Half-Duplex 有何不同？

35. 連連看：將電話、Walkie-Talkie、廣播電台以 Full-Duplex、Half-Duplex、Simplex 三者歸類。

36. 請說明分頻多工（Frequency Division Multiplexing）與分時多工（Time Division Multiplexing）。

37. 請舉出分時多工（Time Division Multiplexing）中避免雞同鴨講的必要條件？

38. 將一個最高頻率為 4 KHz 的類比信號轉成數位信號時，其最低取樣頻率（Sampling Frequency）為何？

39. 請說明電話語音在數位化之後得到 64 Kbps 頻寬之由來。

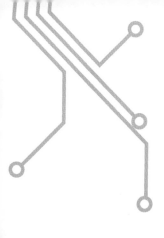

第 3 章

交換機與電信網路

3.1　電路交換與分封交換

3.2　電信網路架構

3.3　電信網路互連架構

3.4　交換機的演進

3.5　電子交換機

3.6　路由

3.7　COMMON CHANNEL SIGNALING 與 SS7

3.8　智慧型網路

3.9　集縮

3.10　接取網路之建設

3.11　長途與國際線路之建設

3.12　公眾交換電話網路（PSTN）

3.13　用戶電話交換機（PBX）

　　　練習題

交換機與電信網路

　　早期的電話系統沒有交換機，所有電話機兩兩之間都必須有電線相連才能通話，當電話數量越來越多時，電纜線以平方曲線成長，其數量極為驚人。後來電話交換機出現後，每一支電話只需拉一對線至交換機即可，如圖 3-1 所示。

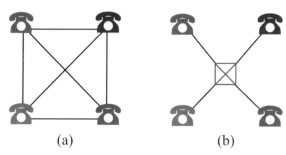

(a)　　　　　　　　　(b)

圖 3-1　電話連線方式：(a)沒有交換機 (b)有交換機

　　最初的交換機是以人工操作接線的程序，用戶撥打電話時，先搖動電話上的搖柄（發電機），產生振鈴電流，使接線生的鈴聲響起，此稱呼叫。接著發話端用戶再告知接線生所欲撥打的對象，由接線生接起連線連接雙方，並搖動搖柄，產生振鈴電流讓受話用戶的鈴聲響起，受話者接起電話，即可進行通話。當通話者掛斷電話時，也需要搖動搖柄，通知接線生拔掉連接線。時至今日，先進的電子交換機內處理呼叫的運作流程也是一樣，只是用電腦將接線的動作自動化以取代接線生，不再靠人工操作。

　　一部交換機能服務的電話數量是有限制的，在人工交換機時代，受限於每個接線生能服務的門號數，一部交換機頂多能負責一二百門電話，一旦超過此數量，就要將數部交換機以幹線

（Trunk）連在一起，如圖 3-2 所示，讓不同交換機之間的電話能互相接通。拜電腦技術之進步，一部現代的電子交換機能服務的電話數量可以高達數十萬，但因受限於交換機至用戶間銅纜線的長度不能超過數公里以免訊號過度衰減，大都會區無法由一部交換機服務所有用戶，仍然須藉由幹線連接多部交換機構成交換網路，擴大服務範圍。

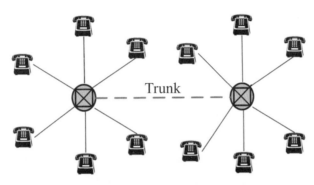

圖 3-2　以幹線連接交換機擴充門號

3.1 電路交換與分封交換

　　電信網路所提供給收發兩端之間的傳輸通道分為兩種型態，第一種是**電路交換**（Circuit Switching）網路，從發話者到受話者之間存在有一條實體或虛擬的電路，從通話開始到結束都是連接著。此類連接方式特別適用於語音電話這種對延遲時間極為苛求的時效性服務，因此必須持續佔用線路的服務。反之，用來傳送檔案或 E-mail 等的數據服務，對延遲時間的要求比較寬鬆，其資料的發送可以斷斷續續，線路不需持續連接，就不需使用線路交換的連接方式，而改用**封包交換**（Packet Switching），收發兩端不存在一條連接好的電路。發送端將一個訊息切成許多小封包，將每個封包

打上受話端地址，就送上網路，網路上的封包交換機收到一個封包後，要檢視其目的地，選擇適當的連線轉交給下一個封包交換機，就像郵局系統傳遞信件一般，一站一站的轉送，輾轉送達目的地。而目的地端將收到的封包重組成原始訊息。相較於線路交換式的網路，封包交換的訊息所耗費的時間較長，但彈性更佳，網路中間有斷線時，其承受能力較強，封包可以在發送端不知情的情況下輕易的改變傳送路徑到達目的地。本章的內容將以電路交換技術為主。

3.2 電信網路架構

隨著電話普及，很多地區人口增長，而且銅電纜不能拉得太長導致語音信號過度衰減，因此一個幅員廣大的地區或都會必須使用多部交換機互相連接以涵蓋整個服務區，交換機之間的幹線數量也隨著快速增長。為了降低幹線數量，電信公司在銅電纜時代普遍採用階層式（Hierarchical）架構連接交換機，交換機之間以中介的彙接交換機（Tandem Switch）互相連接而成為一個龐大的地區交換網路，如圖 3-3 所示。彙接交換機可視為交換機之間的交換機。同一區域內打電話由地區交換機網路負責，跨區域（如跨縣市）時則由上一層的交換機之間透過長途幹線傳輸，而撥打國際電話時則透過更上層的國際交換機經由海底電纜或光纜與外國的電信網路連接，如圖 3-4 所示。以此方式，交換機與電話連線共同組成一個階層式電信網路，讓全世界的用戶可以很方便的藉由國際電信網路溝通，而現今方便的網際網路也是建構在方便的封包交換電信網路之上。在光纖時代，用戶與交換機間或交換機與交換機間的距離可以大幅拉長，因此一個地區內的交換機間可以用高容量光纖連接，而不必使用階層方式逐層建構地區電信網路（亦即：市內電話網路）。理論上，可由一部超大容量的交換機利用光纖網路連接一個都會區內的所有用戶，這是使用銅纜線所構成的傳統電話網路難以做到的。

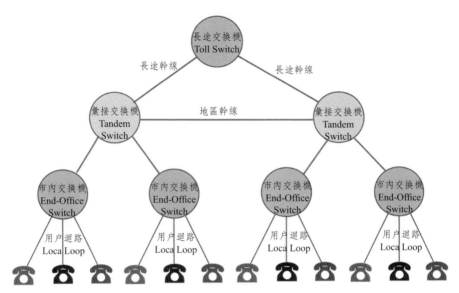

圖 3-3　階層式電話網路

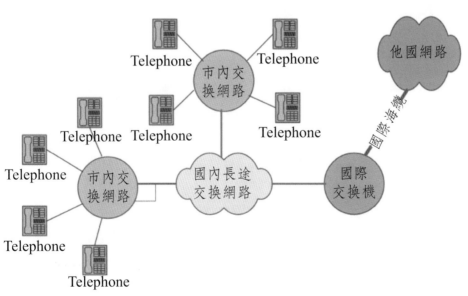

圖 3-4　國際電信網路

電話網路可依功能劃分爲數個子系統（Subsystem）：長途電纜構成的**傳輸網路**，交換機構成的**交換機網路**，而交換機連接至用戶的線路稱爲**用戶迴路**（Local Loop），用戶迴路所構成的網路稱爲**接取網路**（Access Network）。各個子系統各有各的技術挑戰，但建構接取網路所碰到的非技術問題特別困難，龐大的佈線工程是所有新成立的電信公司最大的挑戰：幾乎每一門電話都必須拉線到用戶家中，以台灣來說，數百萬門電話總計的連線長度可能高達千萬公里，維護或佈建成本都不容小覷。在光纖時代，則可以利用大頻寬低衰減的光纖將信號從交換機連接到路邊或大樓的交接箱，再轉換成電磁信號，最後再利用銅纜（雙絞線）連接至用戶家中，如此可以省下大量的銅線。

3.3 電信網路互連架構

除美國之外，以往各國的電信網路都是由國家建設與營運，國際之間彼此以互惠方式合作互相連通電信網路，而國內網路則由國家獨佔經營。自從 1984 年美國將 AT&T 分解之後，各國逐漸開放電信網路由民間經營並引進競爭機制，期望加速網路技術的進步與降低電信資費。各個互相競爭的電信公司之間的電話之互相連接引發了一個非常棘手的**網路互連**問題。例如：台灣大哥大的手機用戶想要與中華電信的市話用戶通話時，就必須建立『網路互連』，讓彼此可以連通，網路互連牽涉到幾個不同面向的問題：

1. **技術問題**：電信業者之間的系統規格差異（例如：歐規或美規），信號傳輸同步問題以及交換機信令協定等問題。
2. **商業利益**：通話成本分攤及營收分配，建置互連設備的費用分攤方式，介接點設置及品質保證等問題。
3. **電信法規**：爲了避免優勢業者拒絕互連，或技術杯葛，甚至哄抬價格，必須立法強制業者之間電話網路互連，同時

提供用戶自由選擇的權利，也必須詳細規範電信業者間的公平競爭行為。

3.3① 美國電話網路互連架構

在電信自由化的浪潮之下，各國紛紛開放其電信市場，而各國的網路互連架構不盡相同，所引發的互連問題亦大為不同。因為很多國家都參考美國電信網路的架構，因此本節特地介紹美國電信網路的互連架構。美國的電信監理機構 **FCC**（Federal Communications Commission）將每個州依照地理位置細分為許多 **LATA**（Local Access and Transport Area）。而電信公司區分為**地區電話公司**（**LEC**, Local Exchange Carrier）與**長途電話公司**（**IXC**, Interexchange Carrier），地區電信公司可以經營 LATA 內的通話服務（類似台灣的市內電話，但如超過一定距離仍以長途電話計費）。跨 LATA 的通話則必須由長途電話公司提供服務，每個 LATA 內設置有 PoP（Point of Present），地區與長途網路透過 PoP 互連。整體網路互連架構如圖 3-5 所示，其所用名詞於表 3-1 說明。1984 年之後，地區電話公司不得兼營長途電話公司，前幾年此禁令已經改變，但網路互連架構並未改變。

無論是地區電話或長途電話都開放自由競爭，但如前節所述，佈建接取網路對新公司而言相當困難，雖然有線電視網路也可以提供電話服務，但尚未見到打破獨家壟斷的例子。而提供長途電話服務的公司則有數家在經營，使用者撥打跨 LATA 的電話時（長途電話），可自由選擇要透過哪一個長途電話公司連接，如此可以輕易打破壟斷。近年行動電話及網路電話的蓬勃發展，使得電話市場的競爭日趨白熱化，使用者可從競爭的電信市場中獲得更好更便宜的長途電話服務。

表 3-1　網路互連架構名詞解釋

縮　寫	全　名	意　義
LEX	Local Exchange	地區（市內）交換機
LEC	Local Exchange Carrier	地區（市內）電話經營者
IXC	Interexchange Carrier	長途電話經營者
LATA	Local Access and Transport Area	地區接取服務區
PoP	Point of Present	LATA 與長途網路連接點
PoI	Point of Interconnection	網路互連介接點

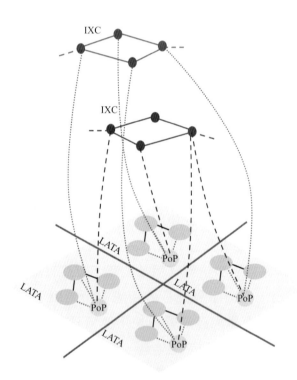

圖 3-5　美國的電話網路互連架構

3.3 ② 我國的電話網路互連架構

　　台灣與美國的電話網路互連架構大不相同，台灣的固網公司一律是全區經營的，任何一家電信公司提供的電話網路都可以涵蓋整個台灣，同時經營市內電話與長途電話（包括國際電話）。不同的電信業者之間則透過**介接點**（**PoI**, Point of Interconnection）互相連接如圖 3-6 所示。例如中華電信與台灣固網都各有一群客戶使用其電話服務，那麼就在各地區都會設置一些 PoI，將兩家公司的交換機連接在一起，使彼此的電話用戶可以互通。

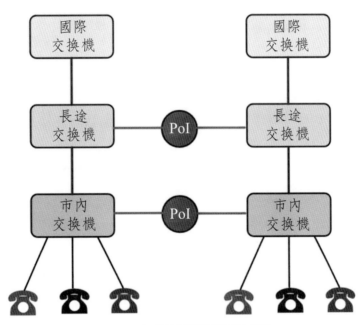

圖 3-6　台灣的電話網路互連架構

　　台灣的電話用戶想要撥打國際電話時，可以自由選擇國際電話公司連線，如圖 3-7 所示：一個中華電信的市內電話用戶想透過亞太電信的國際電話服務從台灣撥打國際電話到美國，可以撥

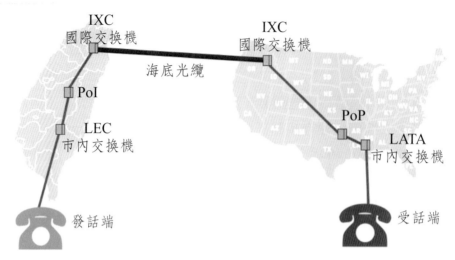

圖 3-7　從台灣撥打國際電話至美國的連線方式

005 開頭的國際碼選擇亞太的國際電話服務,然後撥 1 (美國的國碼) ,再撥美國的電話號碼,這麼一來這通電話的連線步驟成為:

1. 中華電信交換機根據 005 得知使用者欲透過亞太電信撥打國際電話,因此經由 PoI 與亞太電信的交換機互連,經由其長途網路連到亞太的國際交換機。

2. 亞太電信的國際交換機根據國碼 1 得知目的地為美國,透過國際電路 (極可能是海底光纜) 連接至美國。

3. 美國的國際電話公司 (例如 AT&T) 將此電話透過其長途電話網路連接至受話端 LATA 的 PoP。

4. 最後,由受話端 LATA 的地區電話公司 (LEC) 負責將這通電話連到受話方。

　這種互連架構使得一通國際電話可能透過四家不同的電信業者 (台灣 LEC —台灣 IXC —美國 IXC —美國 LEC) 互相合作完成通話連線,打破過去兩國各由一家電信業者壟斷市場的局面,開放電信市場引入競爭機制,讓使用者自由選擇國際電話服務商。在

電信事業自由化之前，只有政府（交通部電信總局）能經營電信業務，所有電信使用者只能透過電信局的網路撥打國際電話，收費自然較高昂，品質也不如現在好，直到近年電信自由化開放民間公司經營電信業務加入競爭後，才出現這樣的網路互連方式。

　　台灣與美國的網路互連架構，具有根本上的不同，導致商業經營模式完全迴異。美國的地區電話公司與長途電話公司在業務上並未重疊，雙方沒有競爭關係之下，雙方摩擦較少，可以本著互惠的精神共同將網路互連做好。但台灣的各固網公司業務完全重疊，彼此之間是互相競爭的對手，不易拋開立場共同協力將網路互連做到最好，以致發生許多光怪陸離的怪事。如前所述，網路互連除了須克服技術上的困難之外，背後的商業競爭與電信法規問題也是相當複雜的，電信公司間往往必須經過複雜曲折的商業談判才得以簽訂網路互連協議，各家固網公司在 2000 年左右簽訂了網路互連協議，至今仍然紛紛擾擾爭議不斷。

　　諷刺的是，因為中華電信維持著很高的固網市場佔有率，大部分的使用者都是在中華電信的網路內互相通話，少有跨網路的通話，因此很少受到網路互連問題的干擾。但不幸的是，固網自西元 2000 年開放以來未能打破中華電信的獨佔，導致使用者無法享受競爭市場帶來的福利。

3.4 交換機的演進

　　最早的**人工電話交換機**以人工方式接線，需要僱用接線生負責接聽客戶電話，手動插拔電話連線。這些接線生都必須受過訓練，熟悉電話接線的『流程』。早期的交換機房常見一整排以幹線串連在一起的交換機，前面坐滿了接線生負責為用戶接線。當位於兩部連到不同交換機的電話之間要通話時，發話端的接線生要以怎樣的步驟通知另一位接線生？就像銀行窗口之間的聯繫一樣，接線生在傳票（字條）上寫下電話的來源端，目的端等訊息，由傳令員負責

傳給另一位接線生。藉由這些流程,電話交換得以正常運作。這種人工作業不但效率低,能容納的電話數量也相當有限。

隨著技術之進步,自動交換機逐漸取代人工交換機。首先出現的是機械式自動交換機,電話機則改用**轉盤式電話**,其工作原理是由轉盤的齒輪觸發一個簧片開關,產生斷斷續續的脈波(Pluse),傳送到交換機用以驅動電磁機械開關讓其一步一步的移動或轉動,當用戶撥完電話號碼之後,開關就自然跳到受話端的位置,電話就接通了。後來,當貝爾實驗室發明出電晶體之後,就全力研發**電子交換機**,利用電晶體取代笨重昂貴不易維護的機械式自動交換機。

3.5 電子交換機

現在的電子交換機完全由電腦控制,其基本架構可分為兩個部分,線路交換單元(Switching Fabric)以及控制單元,如圖 3-8 及 3-9 所示。

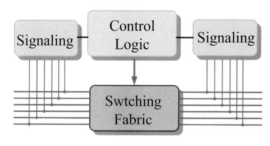

圖 3-8　電子交換機基本架構

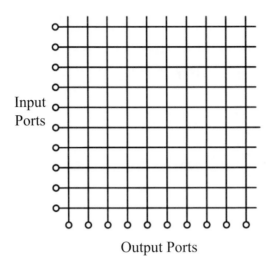

Input Ports

Output Ports

圖 3-9　線路交換單元（Switching Fabric）

　　線路交換單元（Switching Fabric）根據控制單元送來的指示將兩條線路連接起來，其動作就像一個接線生將一個用戶的電話線連接到受話端的電話線一樣。而控制單元則負責所有的監聽、控制、運算、計費等各種複雜的動作。交換機與交換機之間或與電話機之間的溝通藉由信令（Signaling）及通訊協定（Protocol）爲之。由於現代電話系統的功能遠遠超過早期的交換機，因此必須使用電腦以及複雜的軟體方能運作，交換機也因爲擁有了電腦強大的計算能力，才能開發出種種方便的電話功能。

3.5 ❶ 音頻撥號

　　電子式交換機出現後，**按鍵式電話**也隨之問世作爲更方便的撥號裝置。按鍵式電話的原理是：每個按鍵按下後會發出兩個頻率的組合音頻，交換機分析所收到的音頻訊號，得知使用者所按下的數字鍵，由電腦控制電話的撥打與連接。這種以組合聲音作爲號碼識別的方式稱爲**雙音複頻**（DTMF, Dual Tone Multi Frequency），

每個音頻都經過特殊設計的，如圖 3-10，當按下數字 2 時，發出的聲音是由 1336Hz 與 697Hz 的組合音。這些頻率之間必須避免倍數關係，才能讓交換機的濾波器正確判定音頻（若有倍頻關係，則可能會誤判）。

頻率	1209	1336	1477
697	1	2	3
770	4	5	6
852	7	8	9
941	*	0	#

圖 3-10　按鍵式電話的頻率組合

3.5 ② 信令

　　如前所述：交換機與交換機之間或與電話機之間的溝通藉由信令（Signaling）及通訊協定（Protocol）為之。從用戶的角度看來，就像透過電話這個終端機在『操作』交換機這部複雜的電腦。用戶拿起聽筒時，電話機產生一個 Off Hook 的信令給交換機，交換機接到 Off Hook 信令後，回送一個撥號音（Dial Tone）請用戶撥號，用戶所撥的號碼，對交換機也是信令。交換機得到信令後，在內部進行運算與複雜的連線（透過 CPU 與記憶體運算並配合龐大資料庫查詢受話端位置）。電話無論接通與否，交換機會以不同的音頻訊號回應發話端作為系統輸出（接通、忙線或空號）。一般電話機與交換機之間常見的信令如表 3-2 所示。而交換機與交換機之間也有許多控制信令，用戶不需知曉。

　　比起電腦有鍵盤及滑鼠作為輸入裝置，電話機只有區區 12 個按鍵，用戶受限於電話機的有限輸入能力，使用電話機所能發出的信令非常有限，如表 3-2 中的前四項。其中 Flash 是一個很特殊

的信令，那是快速的掛斷電話再快速拿起來產生一個很短的脈波送給交換機。Flash 對於特殊電話功能是很重要的信令。因爲在通話中按下電話機上的號碼鍵所產生的音頻，對交換機起不了作用。（交換機爲避免將用戶的聲音誤判爲按鍵音，因此於通話中會對音頻按鍵置之不理），唯一可用的信令是 Flash，因此在通話中要啓動任何特殊功能時，都必須使用 Flash 來啓動。不幸的是，很少使用者知道這個信令，導致交換機所提供的很多先進服務功能乏人問津。當網路電話興起之後，用戶可以使用電腦當作電話的輸入裝置，就可以很方便的使用很多新的服務功能，語音電話的各種新奇的服務功能將得以擺脫傳統電話機輸入不便的限制，而在網路電話上獲得盡情發揮的機會。

表 3-2　常見的交換機與電話機間之信令

Off Hook	話機拿起
On Hook	話機掛斷
Flash	快速掛斷並拿起電話
Dialed Number	撥打的號碼
Dial Tone	撥號音
Ring Current	振鈴電流
Ring back Tone	回鈴音
Busy Tone	忙音（用戶忙音）
Fast Busy Tone	快速忙音（線路忙音）
Call Waiting Tone	話中插撥音
Special Dial Tone	特殊撥號音

3.5 ❸ 呼叫之建立及處理

一個交換機處理一通電話呼叫（Call）的處理程序稱爲**呼叫處**

理（**Call Processing**），是交換機的核心控制程式，其主要任務如表 3-3 所示。

表 3-3　呼叫處理（Call Processing）主要任務

接收呼叫者所撥之號碼	Collecting Digits
分析所撥號碼	Digit Analysis
決定路徑	Routing
建立連線	Call set-up
呼叫受話者	Terminating
連接雙方	Make Connection
計時計費	Billing
處理掛斷	Hang-up
特殊功能之處理	Special Feature, Call Waiting, Call Forwarding, etc.

　　如同前述，一通電話從拿起話筒開始撥號，一步步建立從發話端到受話端的連線，這樣的程序稱為 **Call Set-up**。這其中包含許多複雜的流程：撥號後聽到撥號音，分析用戶所撥的號碼、選擇連接路徑，且一站一站的依序連接，傳送振鈴電流讓受話端電話機響鈴，傳送回鈴聲音給發話端，記錄計費資訊以及電話掛斷後移除連線等等。這樣一整套通話的流程稱為 **Call Flow**。圖 3-11 是最常使用的 Call Flow Diagram，記錄了一通電話的處理過程，清楚的描述了信令交換及通訊協定的過程，對工程師而言是很重要的設計文件，就像建築的工程圖一般。

　　雖然 Call Flow Diagram 詳細記錄一通電話的 Call Processing 的詳細步驟，但一通電話的各種可能狀況千變萬化，例如：用戶可能拿起電話而並不撥號，也可能沒有撥完號碼前就掛斷，甚至可能撥錯了號碼，等等各種情況，再加上話中插撥與多方通話等各

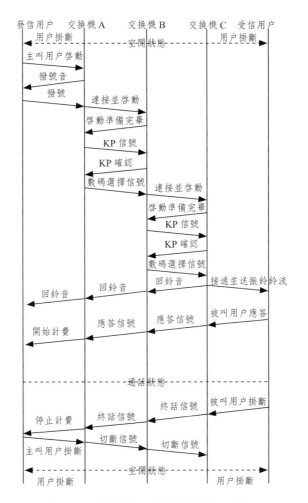

圖 3-11　電話接通、通話與掛斷之流程

種服務功能所引發的複雜情況，系統工程師不可能利用 Call Flow
Diagram 描述所有可能發生的情況，所以需要其他的工具來描述
交換機處理各種情況的行為，讓軟體工程師可以按圖施工。系統工
程師們使用**有限狀態機**（Finite State Machine, FSM）解決這個需
求。Call Processing 的任務就是將設計好的 FSM 實現出來，每一
個設計出來的 FSM 稱為一個 **Call Model**，相關技術將在第四章

說明。

走筆至此，讀者應該很清楚，Call Processing 是處理一通呼叫最重要的功能，無論 Call Processing 是否放在交換機中，都離不了它。現行的電信網路，包括行動電話在內，Call Processing 的軟體都是放在交換機裡面的，所以兩部電話彼此要能通話，必定要經過交換機處理，否則不能通話。舉例而言，在正常狀況下，兩部連在同一個基地台的行動電話不能直接互通。當地震或颱風等自然災害將連接基地台到交換機的幹線摧毀時，即使該基地台本身完好無缺，但該基地台因無法連上後端的交換機就會立刻癱瘓。

3.5④ 服務功能

一個簡單沒有附加功能的呼叫，亦即最陽春型的呼叫稱為 **POTS**（Plain Old Telephone Service），而現代的交換機有很多對用戶很方便的先進功能，表 3-4 是常見的特殊電話功能。其中**話中插撥**（Call Waiting）是最常用的特殊功能之一。當有購買這個功能的電話用戶（A 用戶）在與 B 用戶通話之中如有第三者（C 用戶）撥電話進來時，C 用戶不會如往常般聽到忙音，而是正常的回鈴聲音，A 用戶會聽到一個「話中插撥音」（Call Waiting Tone），此時，A 用戶可以有三種選擇：(1)可以選擇不理它，或 (2)掛斷電話結束與 B 用戶的通話，等鈴聲響起再接起 C 用戶的呼叫，(3)也可以選擇按 Flash 暫停目前通話（B 用戶被置於等待狀態），並接聽 C 用戶的電話，A 用戶可以利用 Flash 與 B、C 兩個用戶輪流通話，直到 A 用戶掛斷電話，或 B、C 任一方掛斷電話，A 用戶則可與沒有掛斷的一方（B 或 C）回復正常通話狀態。

話中插撥這個功能看似複雜，但實際使用時，並不難，而且很有用。在「一家之鼠」第二集電影中，就出現了話中插撥的使用實例。主角是一隻老鼠史都華，當他私自離家出去營救鸚鵡女朋友時，他的小主人喬治為掩護其行蹤，對母親謊稱史都華在同學威爾

家過夜。喬治與他母親同時打電話給威爾，一為套招，一為求證。作為夾心餅乾的威爾利用話中插撥的功能輪流與兩人通話，一面與喬治套招，一面應付喬治的母親。看過這個電影片段，就能輕易的體會話中插撥這個功能的奇妙之處。

　　經過多年的發展，如今電話系統可提供數百種不同的特殊服務功能，這些複雜的服務功能也是造成交換機造價昂貴的原因之一。如果這些服務功能就像一個電腦上的應用程式一樣都由一組軟體工程師來開發，其複雜度尚可控制，但是由於追求高可靠度，幾乎每一個功能都要動員數十位軟體工程師花費兩年以上時間方能開發出來，那麼多的功能分別由很多小組負責開發，而這些功能偏偏不能像電腦應用程式般各自獨立，而必須融合在一個 FSM 裡面，因此造成軟體工程上極大的困難，迄今為止尚無良方可解。更有甚者，某些功能之間在定義上本就有衝突，例如：「話中插撥」與「受話方忙線時自動轉接」（Call Forwarding On Busy）這兩樣功能都要求交換機在第三方電話撥進來時要採取特殊動作，造成 Call Processing 程式無所適從的衝突。此種現象稱為 **Feature Interaction**。設計交換機的軟體遇到一個艱鉅的挑戰：無數系統工程師在不同年代分別定義數百種特殊功能時，無法面面俱到的考慮到所有可能發生的 Feature Interaction，造成很多軟體設計上的困擾，必須花費無數的時間與精力去排除，而迄今並未發展出系統化的衝突偵測機制，完全靠人力以最原始方法進行程式除錯。

表 3-4　常見特殊服務功能

Caller ID	來電顯示
Caller ID Blocking	發話時，不顯示我方電話號碼給受話方
Call Waiting	話中插撥
Speed Dial	簡速撥號
Call Return	自動回撥，撥出上次來電的號碼
Call Forwarding Unconditional	無條件自動轉接
Call Forwarding on Busy	受話方忙線時自動轉接
Call Forwarding on No Answer	受話方未接時自動轉接
Call Screening	來話過濾
Call Blocking	去話過濾
Ring Options	自由選擇來電鈴聲
Anonymous Call Rejection	拒絕不顯示電話號碼之來電
3-Way Calling	三方通話
Repeat Dialing	自動重撥

3.5.5 交換機的可靠度及價格

　　電信網路的可靠度比個人電腦高出許多倍，因為電信網路斷訊所造成的損害可能非常嚴重。當發生災害或其他緊急狀況時，許多用戶必須依靠電話發出求援電話，萬一電話斷訊，後果嚴重。某一年紐約地區三大機場因為通訊網路當掉而全部癱瘓，而通訊網路當掉的原因是一個關鍵交換機當機，而該交換機之所以當機是因為外部電源中斷時間過長，使得備用電池電力用罄。該交換機原有四套警示系統可以在外電斷絕啟動備用電源時發出警告，讓操作員有足夠時間準備緊急發電機等必要應急措施，但這四套警示系統竟然因故障或監看人力不足等種種原因而未發生作用，導致此種嚴重後果。2013 年 2 月 25 日，網路服務供應商（ISP）是方電訊所處

大樓因火災斷電，導致是方電訊的機房服務中斷，連帶造成其全國
100 多家企業客戶的網路停擺，包括：Yahoo! 奇摩、Google 等大
型入口網站和購物網、麥當勞、YouTube、線上遊戲等均受影響，
且影響時間長達近 20 小時，全國企業及一般用戶承受難以估計的
巨大損失。

電信工業所追求的可用度（Availability，可靠度的一種衡量
指標）標準是 99.999%，交換機當然也必須提供匹配的可用度。
為了提供如此高的可用度，其軟硬體的設計都是不惜成本的投入。
特製的硬體，大批專業軟體工程師以最嚴謹的軟體設計流程慢慢設
計出客製化的專用軟體，使得交換機的價格高居不下，技術之進步
也異常緩慢。新一代的電信網路將嘗試使用光纖網路以及封包網路
取代傳統的電路交換網路，並使用開放軟硬體架構以大幅降低成
本，加速新功能的開發。

3.6 路由

當用戶撥一個電話號碼要呼叫另一個用戶時，交換機必須負責
找出受話者所接的交換機及其用戶迴路。就像我們必須將網址轉換
成 IP 位址一般。每一部交換機都有一個 Routing Table 記錄自身
所有用戶的號碼及其對應的用戶迴路。如果發話者與受話者都接到
同一部交換機的話，那就只要一個簡單的查表就行了。如果兩者不
在同一部交換機，那就要費一點事了，必須透過眾多交換機一站一
站的轉接以完成一通電話的連線，這過程如同電腦網路的 routing
（找路徑）。如果每部交換機要記錄同一地區內數十萬甚至數百萬
部電話的話，那 Routing Table 將會非常龐大，可惜，交換機的軟
硬體都是非常昂貴的，因此，龐大的 Routing Table 會造成資源的
浪費。因此，傳統交換機將電話號碼跟交換機的局碼「綁」在一
起。每一部市內交換機（LEX）配有一或數個局碼，連到這部交
換機的所有電話之電話號碼都由這些局碼開頭，只有後四碼不同。

我們稍微留意一下就可發現，同一地區的電話號碼的前四碼（或前三碼）相同的機會很多。當發話端撥完號碼，交換機根據所撥號碼的前四（三）碼即就可知道受話者連到哪一部交換機，交換機的 Routing Table 可以大幅縮小，查表速度也可以加快。

這樣的配號方法有一個缺點，當一個電話用戶遷移到另一個交換機掌管的區域時，則該用戶的電話號碼就被迫需要更改。對於許多公司行號而言，多年來客戶已熟悉的電話號碼一旦改變，可能引發相當麻煩的更新動作，甚至導致客戶流失。此外，若客戶想改用另一家公司的電話服務（例如從中華電信改成台灣固網），則電話號碼也必須更改（因為不同公司必然分屬不同交換機）。這樣一來勢必無法藉由電信自由化開放民營電信打破既有電信業者的壟斷。因為大多數電話用戶不可能願意為了更換服務業者而更改號碼，如此一來，新設立的民營電信業者就毫無競爭力可言。號碼可攜服務（Number Portability）就是為了打破這樣的僵局而出現，無論是地理位置或服務商的變更，現在的電話用戶都可保留原有的號碼，目前的電信法中訂有相關條文強制電信業者必須提供這項服務。在技術上，交換機的設計也必須有所變更，電信業者需要耗費相當龐大的資金與人力才能完成，因此電信自由化之後，經過了多年的準備，號碼可攜服務才真正開始實施。

3.7 Common Channel Signaling 與 SS7

用戶撥打電話時，如果對方無人接聽，或接聽之前就被切斷，通常電信公司不會計費。但實際上，當受話方的電話開始響鈴時，語音線路已經被佔用，電信公司必須耗用資源進行連線的前置作業，並使用語音線路傳送信令及回鈴聲音，如果是長途或國際電話，佔用的資源則更是可觀。使用 Common Channel Signaling 的技術可以在電話接通之前不須佔用語音線路，並利用較便宜的信令網路傳送信令，以減少成本。一通電話的連線建立過程（Call

St-Up）中，電信網路的信令如果需要佔用語音信號的線路就稱為 **In-Band Signaling**，這種情況下信號與語音是走同樣的路徑，成本較高。反之稱為 **Out-of-Band Signaling**，即利用較便宜的專用信令網路來傳送信令，由於信令的資料量遠遠低於語音，可以集中在另一個較為便宜的信令網路傳遞，如此可以大幅降低成本。就好像大家到 Pizza 店買 Pizza 前，如果都在網路上事先訂購，而不要到店裡當場下訂，如此可以大幅減少排隊時間，提昇店面的營運效率。**Signaling System No. 7**（**SS7**）是現在最流行的 Common Channel Signaling 協定，稱為『第七號信令系統』或『第七號信令協定』。

3.8　智慧型網路

　　傳統的電話交換機內都有固定的 Routing Table，用來記錄局號與目標交換機的位置，這些資料都是固定的，無法隨意更改。但這樣一來許多電話服務就無法實做：例如 080 免付費電話（受話方付費），臺北的使用者如果要撥打位於高雄的 080 免付費電話，交換機可能就找不到受話端在何處，因為臺北的交換機無法將全台灣所有免付費電話記錄下來，不但容量過於龐大，而且更新極為困難。此時就需要一個資料庫集中管理，並且需要一個用來存取資料庫的 SS7 網路。當發話端撥出 080 電話號碼時，交換機就透過此網路對資料庫送出查詢命令，資料庫再回傳對應的局號與電話號碼，此時交換機才能開始建立通話連線。這樣的架構引發了智慧型網路的技術研究。

　　「智慧型網路」（IN, Intelligent Network），簡而言之，是在網路中建立一個中央資料庫，讓各個交換機透過信令網路取用資料或程式以協助交換機處理呼叫。除了先前所說儲存龐大的 080 等電話資料之外，還可以儲存程式邏輯，讓很多新開發或複雜的功能放在中央資料庫中，當各地的交換機有需要時才來下載相關程

式。若沒有中央資料庫來儲存這些程式邏輯，就必須建置在各個交換機之中，如此一來，不但要為了層出不窮的新功能疲於奔命，而且交換機的軟硬體資源也非常有限，無法容納太多的新功能。

有這樣一套 Intelligent Network 也可順利解決號碼可攜的問題，用戶不再需要因為搬家而換電話號碼。各電信公司只需將可攜的號碼集中放置於一個共用資料庫中，各家公司即可利用智慧型網路來實現號碼可攜這個功能。有些複雜的功能，例如某一家賣披薩的公司曾要求 AT&T 提供一個非常複雜的功能，讓用戶撥打一個全國統一的號碼時，電話網路會自動根據電話用戶所在地將電話連接至最近的披薩分店，並將該用戶以往最喜好的披薩口味自動展現給該分店，這樣可以大幅提昇披薩店的服務品質。一般的交換機是無法承擔如此複雜的功能的，只能依賴智慧型網路的技術來實現此種功能。

智慧型網路在多年前被提出來時，曾經讓電信業者寄予厚望，可以將電信網路的服務能力提升一個層次。但是開發複雜功能非常耗時費力，等到 WWW 風起雲湧之後，很多智慧型網路所欲達到的功能已可以由 WWW 輕易的達到，於是很多商家轉而利用 WWW 開發其所需先進服務。智慧型網路的發展受到極大打擊，只剩下資料庫的功能了。

3.9 集縮

電信公司節省成本的另一個方式為資源的共享：若一部交換機具有同時提供 1 萬條線路的連接能力，那麼電信公司會在這部交換機服務數萬個門號，這種方式稱為集縮（Concentration）。雖然總用戶數超過系統容量，但如果同時使用電話的用戶數超過一萬人的機率很低的話，就不會損害其服務品質，因此電信公司多半採用這種方式以節省成本。系統容量與所提供的用戶數量之比值稱為集縮比（Concentration Ratio）。比較常見的集縮比是 1:10。

3.10 接取網路之建設

通訊網路的範疇包括傳輸（包括長途網路，電纜）、交換、以及接取網路（Access）。接取網路由一條條的用戶迴路（Local Loop）組成，每一條用戶迴路將用戶連接至電信機房裡的交換機，在行動通訊網路中，無線電頻道取代了用戶迴路。電腦網路興起之前，用戶迴路只需提供一般的電話服務，所需頻寬有限，用一般的雙絞線即可提供合乎通話品質要求的服務。但自從寬頻上網的需求出現之後，現有用戶迴路的頻寬不足以支援寬頻上網的需求，因此，最後一哩（last mile）成為上網的瓶頸。而 ADSL 與 Cable Modem 是目前解決問題的兩種技術。長期而言，必須鋪設光纖網路以取代傳統銅電纜的用戶迴路，才能大幅提高頻寬。

建設單一的用戶迴路在技術上並無難以克服之困難，但由於用戶數量極為龐大，且牽涉到馬路開挖及管線埋設等工程，極易受到非技術性的干擾，對電信公司而言，要在短時間內建構高涵蓋率的電信網路，最困難的就是建構接取網路的實體線路。我國自西元 2000 年開放民營電信公司執照以來，迄今為止各新興電信公司皆未能成功的建設高涵蓋率的接取網路，可為殷鑒。

3.11 長途與國際線路之建設

一般而言，長途電話線路可沿著鐵路，馬路或各類管線架設纜線，其鋪設工程受到非技術性干擾的機會比較低，牽涉到的路權管理機關（如鐵路，高工局，公路局等）不但數量較少而且也比較不受到地方各種勢力的干擾，管線埋設之許可較容易獲得。若不想自建長途網路，也可與擁有通訊網路以及電路出租執照的中油，台電等單位，甚至向其他電信公司租用。

而越洋長途電話如果透過高度達數萬公里的同步衛星傳送時，其傳輸延遲高達數百毫秒（ms），無法順暢的進行語音對

話，因此同步衛星無法提供高品質的語音服務。為了維持通話品質，必須透過海底電纜或光纜傳送。國際海纜的鋪設，除了技術與資金，更大的問題往往是國際主權問題。以前在電信國營時代，電信總局可以用國家的身份對外協商，但自從電信民營化以來，電信公司以民間企業的身份與外國電信公司協商建設越洋國際線路，主權問題之交涉難度就提高許多。某些業者看準其中商機，專門提供國際光纜服務，這些公司並不直接與國家協商簽約，而是投入鉅額資金在公海鋪設頻寬極高的光纖海纜，再將頻寬租給各國電信公司使用。各國的民營電信業者也不再需要籌措鉅額資金建構越洋海底光纜，只要租用海底光纖的頻寬，並自行建設登陸海纜即可擁有國際通訊線路。（所謂海纜登陸就是將越洋光纖從公海介接到自己國家的電信網路）。此外，我國還為「海纜登陸」特地開放專門的執照，讓民營公司可以建設登陸海纜後，將所建設的國際通訊服務出租給國內的電信業者。相對於自建國際海纜，此種經營方式大幅降低了第一類電信業者的投資金額且避開了棘手的國際交涉問題，比起以往的方式，國際電信網路的建置簡單了許多。

3.12 公眾交換電話網路（PSTN）

類似於電力與自來水等公共設施，電信網路的建設必須使用公共的用地（例如開挖馬路埋設電纜），一家電信公司除了要擁有建設電信網路的資金與技術之外，還須得到政府的批准（我國採特許制），才能開始鋪設線路提供給公眾使用。而提供給公眾使用的電話網路稱為「公眾交換電話網路」（Public Switched Telephone Network，簡稱 PSTN）。只有擁有特許執照的電信公司才能在公共用地上鋪設電纜，建構電信網路。沒有特許執照的個人或公司，除非獲得政府的專案特許，否則只能在私有土地上鋪設電纜建設自用的電信網路，稱為私有網路（Private Network），簡稱私網。軍方的通訊網路，各學校內部的網路都是私網。

3.13 用戶電話交換機（PBX）

除了對外的通訊之外，各種規模的企業機關學校都有內部通訊的需求。小規模的用戶，只需一個帶有總機功能的電話及數部分機即可符合需求。需求數百至數千門分機的大用戶則必須自備交換機，此類交換機稱為「用戶電話交換機」（Private Branch Exchange，簡稱 PBX）。用戶內部的網路因是在私有土地上鋪設，故為私網。對外通訊，則需向電信公司租用幹線，連到 PSTN，供內部分機共享，數百門分機可能只需一條 T1 幹線（1.544 Mbps）就夠了。如此，不但內部通話免費，而且不需租用數百甚至數千門號，可以節省很多通訊經費，內部通話也只需撥分機號碼即可，非常方便。外部撥打進來的電話，先由總機值機員接起，詢問所欲撥接的分機號碼，再由值機員將電話接到分機。現代的電信系統已經可以直撥內線電話，外部的來電，可以直接撥接到內線分機，不須經總機轉接。

不需總機的轉接而從 PSTN 直接撥通分機的直撥電話技術稱為 Direct Inward Dialing（DID）。

當一個大型企業分佈在數個不同的地方，而各個地方都有一個私有網路時，這些私有網路之間無法互通，會造成很大的不方便。此時可以向電信公司租用專線將私有網路連接起來，組成一個單一的私有網路。近年來網路電話技術已經成熟，各私網之間可以利用 VoIP 技術透過 Internet 互相連接，可省下租用專線的費用。此種技術稱為 Virtual Private Netork (VPN)。

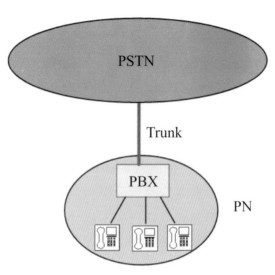

圖 3-12 用戶電話交換機（PBX）

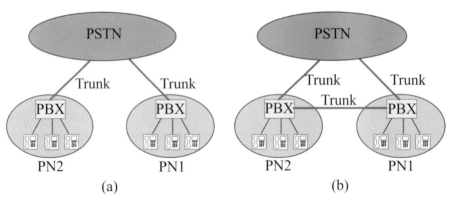

(a)   (b)

圖 3-13 擁有數個私網的企業網路：(a)分離的私網 (b)利用幹線連接私網（VPN）

補充教材

3A 美國電話電報公司（AT&T）的解體

　　美國電話電報公司（AT&T）的前身是貝爾電話公司，經過百

年經營，在 1984 年以前已經成爲美國最大公司，由於電話網路越大越容易吸引消費者，故形成了「大者恆大」效應造成獨家壟斷的格局。擁有壟斷市場的超級大公司免不了落入低效率、進步緩慢、成本過高的弊病，因此在 1984 年被美國法院依據反托拉斯法強制解體，將經營 LATA 電話服務的部分從 AT&T 分割出來成立七家獨立的地區電信公司（RBOCs, Regional Bell Operation Companies），同時禁止這七家公司經營長途電話服務，長途電話必須由長途電話公司經營。

AT&T 自從被切割而保留長途電話業務之後，除了需面對其他長途電話公司及行動電話公司的競爭，更遭到新興的網路電話侵蝕市場，以致逐步喪失市場佔有率，獲利遠不如前，反觀地區電話公司卻因保有壟斷優勢，市內電話價格居高不下，毫無生存壓力，活得肥滋滋的，於 2005 年時，七家 RBOCs 中的 SBC 竟然買下了虧損連連的 AT&T，並將其改名爲難看的 at&t，世事如棋，百年老公司就這樣被科技與市場大浪給擊倒了。

練 習 題

1. 如果沒有交換機，那電信（電話）網路會變成什麼樣子？有何缺點？

2. 電路交換網路與分封交換網路有何不同？

3. 請說明人工交換機的運作步驟
   (a) 主叫方（caller）如何通知接線生
   (b) 接線生的接線程序
   (c) 掛斷電話之程序

4. 何謂 LEC？何謂 IXC？

5. 請畫出並解釋美國公眾電信網路架構。

6. 解釋台灣公眾電信網路之間的互連架構。

7. 使用雙音複頻撥號技術時,為何音頻之間不可以有倍數關係?

8. 請舉出三種「在撥電話的過程中,交換機送給使用者的信令」。

9. 電話機如何產生 Flash 信號?

10. 請依順序列出 call processing 步驟中建立連線的六個步驟。

11. 用 Call Flow Chart 描述交換機處理 Call Set-up 的程序有何缺點?

12. 如果有「話中插撥」的功能時,接到第三方電話的信號時,如果掛斷電話會有何反應?如果按 flash 又有何反應?

13. 為何以前的電話系統無法實行號碼可攜制度?

14. 電信網路交換機如何簡化 Routing 並大幅縮小 Routing Table?(Hint:副作用為無法實行號碼可攜)

15. 何謂 In-Band Signaling,有何弊病?

16. 何謂 Out-of-Band Signaling?

17. 請解釋 SS7 的作用。

18. 何謂智慧型網路(Intelligent Network)?

19. 請說明智慧型網路(Intelligent Network)可提供給電信網路的好處。

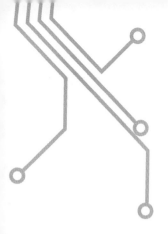

第 4 章

呼叫處理與呼叫模型

4.1　呼叫處理

4.2　呼叫之塑模

　　練習題

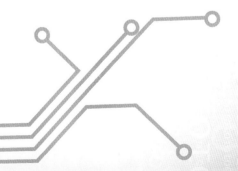

呼叫處理與呼叫模型

4.1 呼叫處理

　　電子交換機的一個重要任務是處理「呼叫」（call），也就是應用戶的要求接通與掛斷電話，統稱為呼叫處理（Call Processing）。主要的細部任務列於表 3-3。現代的交換機有許多先進的服務功能（如表 3-4），這些複雜的功能大大的增加了軟體的複雜度，造成軟體設計的困難與成本。系統工程師根據服務功能的行為規格（behavior）以有限狀態機描述（此即所謂的塑模 modeling），所得到的有限狀態機稱為 call model。程式設計師根據所設計的 call model 進行程式設計。因此，call model 的設計其實是呼叫處理的核心工作。各個設計小團隊各自負責一個個服務功能的設計開發，最後再整合成一個非常龐大複雜的有限狀態機。每一通電話的接通與掛斷過程就是由這個有限狀態機來驅動。

　　電子交換機的作業系統如何處理成千上萬的電話呼叫？由於高可靠度的要求，交換機的軟硬體都是特製品，價格非常昂貴，同樣大小的記憶體，交換機的記憶體價格可能是一般個人電腦記憶體的數千或數萬倍，一部造價數百萬美元的交換機，其計算能力卻可能遠不及現代的一部個人電腦。以這種規格的電腦要同時處理十萬個用戶的通話，絕對不可能像一般電腦一樣將每一通電話呼叫建立一個程序（process）浪費 CPU 資源。

　　假設平均每通電話從拿起電話、撥通對方、雙方對話，最後掛斷花費數分鐘甚至數十分鐘時間，那有多少時間是交換機軟體必須耗費 CPU 時間（稱為 Duty Cycle）來處理的？如果能夠壓縮 Duty Cycle，就能降低 CPU 的負載。最可能壓縮的部分就是雙方對話的時間，此時通話雙方的電路直接連接，交換機的控制軟體

根本不需作任何事，只需注意用戶是否掛斷電話，或發出 Flash 信號。所以就可以大幅壓縮 Duty Cycle。此外，用戶在撥號時，也可能耗費數十秒的時間，交換機的控制軟體可指揮硬體去收集用戶所撥出的號碼。此段時間，也不需 CPU 的服務，Duty Cycle 可進一步壓縮。從系統軟體的設計角度而言，用 Event-Driven 方式比較節省 CPU 的耗費。既然所有呼叫都是由同一個有限狀態機控制其行為，因此可以由一個程序來處理所有的呼叫的有限狀態機。每一個用戶在作業系統中都有一個記憶體記錄其「狀態」。作業系統只需指派一個 Event Driven Runtime System（RTS）來監視每一個用戶的狀態，當交換機的硬體偵測到用戶拿起電話、撥號、或掛斷電話時，會送一個事件信號（Event）給作業系統，當作業系統指派的 RTS 程序「看到」此信號時，參照其「狀態」，並根據 Call Model 的指示，決定相應的動作（例如：命令硬體送一個撥號音給用戶並收集用戶所撥的號碼），以及新的狀態，並記錄於記憶體中。RTS 程序就暫時結束這通電話的處理，繼續處理其他用戶所發出的事件。RTS 程序平常無所事事，只有接到一個 Event 時才有相應的動作，用戶在通話中或未拿起電話前，RTS 程序根本不予理會，只是由下層軟硬體定期看看用戶是否有產生 Event 而已。如此，Call Processing 程序只需很少的計算資源即可服務數萬以上的用戶，而且服務功能的設計責任也大部分著落在 Call Model 的設計上。

4.2 呼叫之塑模

如前所述，系統工程師將一個呼叫的行為塑模成一個有限狀態機，稱為**呼叫模型**（Call Model）。為了簡單起見，工程師們將一個呼叫（Call）拆解為發話端（Originating Side）與受話端（Terminating Side）兩個 **Half Call**，分別建立 Call Model，如

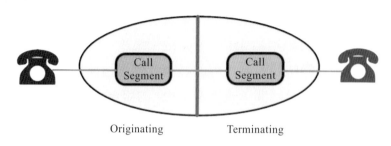

圖 4-1　一個呼叫分解為兩個 Half Call

圖 4-1 所示，分別考慮所有可能的狀態與事件。發話端與受話端加上兩者之間的通訊協定就可以組成一個呼叫（Call）的完整 Call Model。現代的電話網路提供很多先進功能，例如：話中插撥及會議通話，可以讓三個以上的用戶同時互動，如果不使用 Half Call 的概念，那會出現太多非常複雜的 Call Model。反之，利用三個 Half Call 可以輕易組成諸如話中插撥等這種牽涉到三個用戶的 Full Call。

　　Call Model 是一種 FSM。交換機執行 FSM 的機制是 Call Processing 的核心，如圖 4-2 所示。無論是何種交換機，甚至沒有交換機的網路電話或未來以封包網路為基礎的新世代通訊網路，都必須執行 Call Processing。

　　圖 4-3 是一個 POTS（Plain Old Telephone Service）的狀態，而圖 4-4、表 4-1 及 4-2 則是簡化版的 Call Model。真正完整的 POTS Call Model 必須處理很多意外狀況，例如：撥錯號碼，或拿起電話而不撥號等。為了簡單起見，這些特殊情況都沒有放在圖表中。

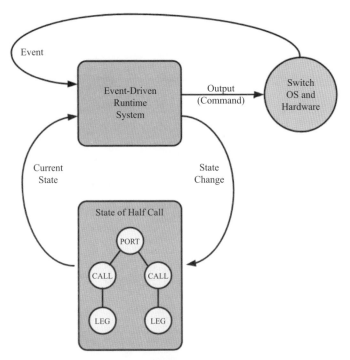

圖 4-2　交換機執行 FSM 的機制

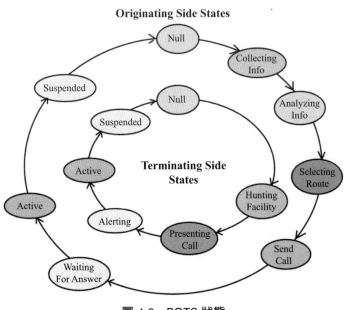

圖 4-3　POTS 狀態

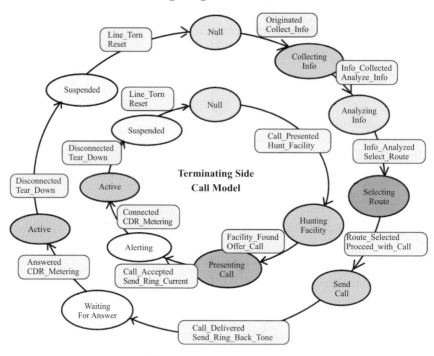

圖 4-4　POTS Call Model

表 4-1　POTS Call Model (Originnating Side)

Current State	Event	Next State	Action Taken
Null	Originated	Collecting_Info	Collect_Info
Collecting_Info	Info_Collected	Analyzing_Info	Analyze_Info
Analyzing_Info	Info_Analyzed	Selecting_Route	Select_Route
Selecting_Route	Route_Selected	Send_Call	Proceed_with_Call
Send_Call	Call_Delivered	Waiting_for_Answer	Send_Ring_Back_Tone
Waiting_for_Answer	Answered	Active	CDR_Metering
Active	Disconnected	Suspended	Tear_Down
Suspended	Line_Torn	Null	Reset

表 4-2　POTS Call Model (Terminating Side)

Terminating Side			
Current State	Event	Next State	Action Taken
Null	Call_Presented	Hunting_Facility	Hunt_Facility
Hunting_Facility	Facility_Found	Presenting_Call	Offer_Call
Presenting_Call	Call_Accepted	Alerting	Send_Ring_Current
Alerting	Connected	Active	CDR_Metering
Active	Disconnected	Suspended	Tear_Down
Suspended	Line_Torn	Null	Reset

　　整個 Call Processing 的過程是動態的，難以在本章中以文字描述，我們特地設計了數個網頁式的 Call Model 模擬器，可以幫助讀者藉由模擬學習 POTS Call 及話中插撥兩個服務機能的 Call Model，讀者只須使用具有 Javascript 能力的網頁瀏覽器可以使用模擬器。網址是在 www.cs.nccu.edu.tw/~lien/FSM/index.htm。

補充教材

4A　有限狀態機

　　有限狀態機（Finite State Machine, FSM）可以說是組成電腦系統的最主要基本模組，也是很多計算邏輯，演算法的核心。這裡用數位電路為例說明有限狀態機。數位電路可簡單的區分為兩種形式：一種能記住先前的運作狀態，就像電燈開關一樣，掀上開關之後，就維持在「開」的狀態，掀下開關之後，就維持在「關」的狀態，開關本身「記住」了先前的運作。另一種則無法記住，就像門鈴的開關，掀過一次之後，鈴聲響過，就回到原始狀態，開關本身並未記住任何動作。無記憶功能的電路稱為組合邏輯（Combinatorial Logic），而有記憶功能的電路則稱為循序邏輯（Sequential Logic）。組合邏輯電路之工作模式可以用真值表（Truth Table）直接描述，任何時候輸入相同的數值，必然得到相同的輸出，與先前所有的輸入值無關。例如 AND 邏輯閘，只有在輸入均為 1 時，才能得到輸出 1，否則均為 0，一個 AND 邏輯閘必須按照真值表的描述一絲不苟的運作，否則就是錯的（圖 4A-1）。

反之，有記憶功能的循序邏輯電路，其每一次輸出就與先前的工作狀態有關。即使輸入資料完全一樣，但先前不同的輸入，可能會導致下一次得到不同的狀態，有限狀態機是最簡單的一種循序邏輯。其輸出與狀態的變化，除了與輸入有關之外，還與現在的狀態有關，而現在的狀態卻是先前的動作所遺留下來的（有些複雜的循序邏輯不但與現在的狀態有關，更與過去的狀態有關）。例如台北市交通系統所使用的悠遊卡，在搭公車或捷運時，並無法直接計算車資，而必須知道先前所搭車種，判斷是否有轉乘優惠，才能計算車資。

我們無法用簡單的真值表描述有限狀態機的工作模式，而狀態圖（State Diagram）是一種常見的呈現方式，如圖 4A-2。

圖 4A-2(a) 中的有限狀態機只有三種狀態，其運作的行為在圖中完全描述。圖 4A-2(b) 說明執行有限狀態機的機制：

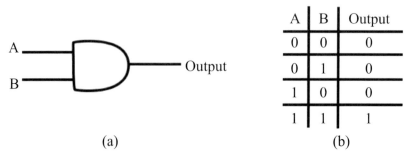

(a)　　　　　　(b)

圖 4A-1　組合邏輯 AND 閘：(a)電路符號 (b)真值表

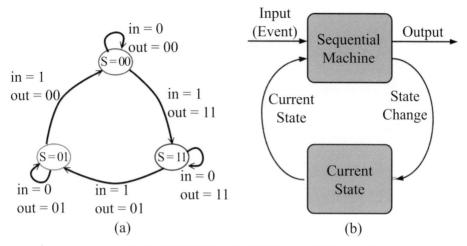

圖 4A-2　一個擁有三種狀態的有限狀態機：(a)狀態圖 (b)執行邏輯

1. 必須有記憶體以記住目前的狀態。

2. 當有輸入時，根據輸入以及現在的狀態決定輸出為何。

3. 改變現在的狀態並記錄於記憶體中，供下一次的輸入作參考。

　　除了以狀態圖表示以外，FSM 的輸入與輸出關係也可用狀態轉移表（或稱為激勵表/特徵表）描述，如表 4A-1。

表 4A-1　有限狀態機的狀態轉移與輸出

Input	Current_State	Next_State	Output
0	00	00	00
0	01	01	01
0	11	11	11
1	00	11	11
1	01	00	00
1	11	01	01

 練 習 題

1. 下面是一個有限狀態機（Finite-State Machine）的定義，其中 I 是輸入，O 是輸出，S 是狀態，輸出函數是 f（current_state, input），而狀態轉移函數是 g（current_state,input）：

   I = {0,1},　　　　　　　O = {'狗','咬','吠','人'},　　　S = {x,y,z},

   f（x,0）= '狗',　　　　　f（y,0）= '咬',　　　　　　f（z,0）= '人',

   f（x,1）= '人',　　　　　f（y,1）= '吠',　　　　　　f（z,1）= '狗',

   g（x,0）= y,　　　　　　g（y,0）= z,　　　　　　　g（z,0）= x,

   g（x,1）= y,　　　　　　g（y,1）= z,　　　　　　　g（z,1）= x,

   (a) 請畫出狀態圖。

   (b) 如果初始狀態是 x 而輸入字串是 000101，其輸出字串為何？

   (c) 如果初始狀態是 x 而輸入字串是 001110，其輸出字串為何？

2. 請以 Finite State Machine 表達交換機控制軟體中主叫方（Originating Side）呼叫處理（Call Processing）的運作邏輯。

第 5 章

無線電傳輸技術

5.1　無線電波簡介

5.2　訊號強度與傳遞速度

5.3　干擾

5.4　雨衰

5.5　都普勒效應

5.6　頻譜分配

5.7　展頻通訊

5.8　無線電在通訊上的應用

5.9　無線電在定位上的應用

　　　練習題

無線電傳輸技術

5.1 無線電波簡介

　　無線通訊可以使用多種媒介，例如：聲音、光波（包括可見光、紅外線等）以及電磁波。而俗稱的無線電，即是使用射頻等級的電磁波做爲媒介。無線電技術用於通訊已有很多年歷史，行動通訊更離不了它。無線電訊號是一種電磁波，其技術遠比有線通訊複雜。最初提出無線電理論的是馬克斯威爾（James Clerk Maxwell, 1831～1879），他將許多電磁原理歸納整理而提出一個統一的理論——馬克斯威爾方程式（Maxwell Equation），進而根據馬克斯威爾方程式推測無線電波之存在，並指出電磁波是一種以光速在空間傳播的波，而光也是電磁波的一種。而電磁波之存在是由赫茲（Heinrich Rudolf Hertz, 1857～1894）發現證實的：他在某次實驗中，發現當某電路在關閉電源的一瞬間時產生火花，會引發鄰近的電路同步產生火花，因而證實電磁波的存在。而在 1896 年由馬可尼（Guglielmo Marconi, 1874～1937）首先用在無線電報上，並在 1901 年成功的讓無線電報越過大西洋，開啓越洋無線電通訊的紀元，可以省下龐大的海底電纜鋪設費用。

　　電磁波的特性與頻率高低關係極大，故專家們將無線電頻譜（Spectrum）依據頻率之高低劃分爲不同的頻段，從 LF（低頻）、HF（高頻）、VHF（極高頻）、UHF（特高頻）、紅外線、可見光與紫外線，更高頻的就是 X 光與輻射線（α、β、γ 等射線）。每一個頻段各有其不同的特性，而人們根據各頻段之特性做最合適的用途。根據近代物理的理論，光具有「波」及「粒子」兩種特性。一般而言，無線電波的頻率越高時，其『粒子』特性越明顯，反之當頻率越低時，其『波』的特性越明顯。而粒子就像撞

球一樣直線前進，兩個粒子碰撞時，會像撞球一般彼此彈開。但波之特性則大相逕庭，具有干涉、折射、繞射等特性，兩列波撞在一起時，在重疊部分會產生干涉，例如：兩道探照光束碰到一起時，互相穿透，彼此相安無事。（讀者可以回憶一下中學物理課的水波實驗）。遇到障礙物時，波可藉由繞射繞過障礙物，甚至可以穿透障礙物，例如：光可以穿透玻璃。反之，粒子則無法穿過障礙物。AM 的廣播頻率比 FM 低，波之特性較為明顯，因此 AM 頻段之電磁波較不容易被地形阻隔，其天線的設計就比 FM 來得簡單，且室內擺放位置較不受限制，反之，FM 收音機的天線就對放置位置比較敏感。行動電話公司比較喜歡使用較低的電磁波頻段，藉由繞射等特性，較不容易因障礙物之阻擋而產生收訊死角。而通訊衛星使用的頻率極高，其電磁波特性較接近粒子，較易受到障礙物阻隔，因此在室內使用 GPS 時，常因不易接受到衛星訊號而失效。

　　電磁波既然具有波的特性，其傳遞遇到障礙物時會發生折射、繞射、反射、散射等現象：當物體表面平坦時，電磁波會被反射，而遇到不平的物體表面，則會產生散射。而所謂的「視線」（Line of Sight, LoS）即是發射器與接收器之間的直線。當電磁波收發端之間視線受阻時，有些頻段的電磁波不受影響，但某些頻段的電磁波可能會受阻。如果電磁波會受阻，工程師習慣上說這個頻段有 LoS 的問題。原則上訊號頻率越高就越容易發生 LoS 問題。例如：行動電話系統就不敢使用數十 GHz 特別高的電磁波頻段；而地面與衛星之間較難被地形阻隔，避免了 LoS 問題，故可使用非常高頻的電磁波頻段作為通訊之用。

5.2 訊號強度與傳遞速度

　　電磁波由天線發射時，通常以功率（瓦、千瓦、毫瓦等）表示其強度，而其強度隨著距離而衰減，理論上是與距離的平方成反

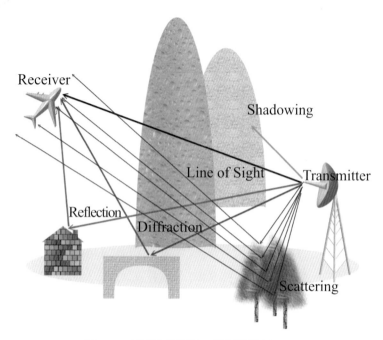

圖 5-1　電磁波的折射、反射與散射

比，但事實上受到各種因素之干擾，實際測量得到的強度與理論值
常有落差。

　　電磁波的傳遞是以接近光速（真空中每秒 30 萬公里）進行
的，在空氣中受到溫度濕度等影響，速度會受到些微影響。由於傳
遞速度是固定不變的，而且傳遞速度等於頻率與波長的乘積，因
此，當電磁波的頻率決定之後，波長也就固定下來了。換言之，當
我們說某個頻段是 100 MHz，相當於波長 3 公尺。在光纖通訊領
域，工程師們習慣以波長表示光載波的規格。

　　電磁波的衰減以及傳遞時間都與距離呈一定的關係，很多定位
系統（例如 GPS）就將傳遞時間或訊號強度的衰減換算成發射端
與接收端的距離，再利用三角定位法求得接收端的位置。

5.3 干擾

由於電磁波傳遞的過程可能很曲折，利用電磁波傳輸訊號是一件相當艱鉅的挑戰，無線電通訊工程師遇上問題時常常毫無頭緒，解決問題除了依靠無線電理論及豐富的經驗外，有時還得依靠運氣。常見的問題是來自周遭環境中其他設備發出的電磁波引起的干擾。

在美國俄亥俄州（Ohio）曾有個例子，某款汽車在行經當地時，常發生煞車系統突然在高速行駛中自動啟動，造成危險。車廠在歷經長時間調查後才找出原因，原來是當地警車更新了無線電系統，而發射出的無線電波正好被煞車電路感應到而觸發了煞車電路，因此引發了意外。類似的狀況也常發生在電腦主機板的佈線（Layout）中，萬一某一段線路正好接收到鄰近電路無意中發出的電磁波，則可能發生干擾，影響電腦正常運作（電流在電路中流動，或多或少總會發出電磁波）。工程師將干擾的情況再細分成：同頻干擾、鄰頻干擾、多路徑干擾等不同情況。

5.3❶ 同頻干擾

當兩個發射器發射相同頻率的電磁波而被同一接收器接收時，就會發生同頻干擾，以收音機廣播來說，我們常見的『蓋台』就是一個同頻干擾的例子：兩個發射端使用相同頻率傳送訊號，而接收端會同時收到兩個訊號，兩者就會相互干擾，若兩個訊號功率差異太大，功率強的一方就會蓋過功率較弱的。

5.3❷ 鄰頻干擾

如果接收器調在某一個頻道上，卻接收到相鄰頻道的無線電信號，則稱為鄰頻干擾。鄰頻干擾的成因很多，可能是因為發射或接收器的硬體瑕疵或外在環境因素之影響（都卜勒效應、溫濕度變化等等）而導致頻率偏移，因此而跨到鄰近頻道的頻率範圍。為了避

免這種狀況，相鄰頻道之間通常間隔一小段頻率保留不使用，做為保護頻帶（Guard Band）使用。

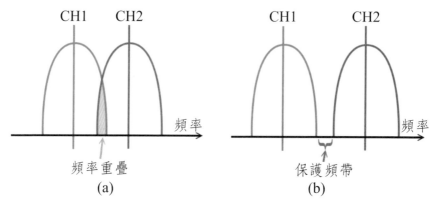

圖 5-2　鄰頻干擾：(a)頻率重疊時互相干擾 (b)加入保護頻帶避免鄰頻干擾

5.3 ❸ 多路徑干擾

同一個發射器向四面八方發出的訊號，若無反射或折射之干擾，接受器只能接收到一個訊號，但一個向不同方向發射出的訊號，經過環境中多個不同物體的反射或折射而走不同的曲折路徑，可能會讓接收器接收到數個複製的訊號（如圖 5-3），而這些訊號到達接收器的時間與相位則因所經路徑長短之不同而有所差異，彼此產生干擾，造成收訊變差或增強，這種干擾稱為多路徑干擾（Multi-path Interference），在無線通訊的應用上經常是麻煩製造者，必須設法克服。

5.4 雨衰

雨衰（Rain Fade），是指無線電波進入雨層中引起的衰減。它包括雨滴吸收引起的衰減和雨滴散射引起的衰減。雨滴吸收引起

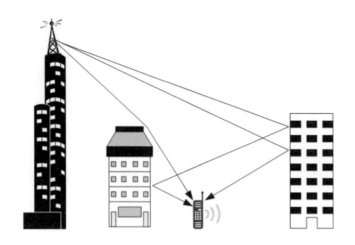

圖 5-3　多路徑干擾

的衰減是由於雨滴具有介質損耗引起的，雨滴散射引起的衰減是由於電波碰到雨滴時被雨滴反射而再反射引起的。在雨天使用行動電話時，收訊就會受到雨衰的影響。此外，當使用 IEEE802.11 無線區域網路上網的筆電在雨天於室外使用時，其傳輸品質也會受到雨衰的影響。

5.5　都普勒效應

　　我們留心一下救護車的警笛聲，即可發覺：當警笛聲由遠而近，除了音量越來越大以外，聲音聽起來也越來越尖銳，而車身呼嘯而過之後，隨著音量降低，聲音也聽起來逐漸低沉，這就是都普勒（或譯都卜勒）效應（Doppler Effect）。電影中，車輛瘋狂高速追逐時，常常伴隨著驚慌閃避車輛的喇叭聲，其聲音的頻率也可明顯的感覺到因都普勒效應而變化。

　　都普勒效應的原理是：當訊號發送端與接收端之間若有相對速度，聲音頻率會發生改變，發射器與接收器逐漸接近時，頻率會慢

慢變高，遠離時則慢慢降低。在高鐵尚未出現前市面上的行動電話通常設計在時速 100 至 200 公里以下運作，在此速度下手機可消除此效應的干擾，但一旦速度超過上限就會因為頻率偏移太大而無法收訊，因此在高鐵上通常無法使用舊的行動電話。有些在高鐵建設完成以後才上市的行動電話已經可以適應高鐵的速度了。飛機、太空船、人造衛星等高速飛行器與地面之間的通訊，更須克服都普勒效應的影響。至於科幻電影中星際之間的即時通訊，則是毫無科學根據。

5.6 頻譜分配

　　與有線傳輸不同，所有無線電訊號的使用者共享整個無線頻譜，同一地區內的同一個頻率，只能有一個發射器發射電波，否則該地區內的接收器將會收到彼此互相干擾的訊號。而為了讓無線電波的使用者均能和諧共用，頻率之使用通常由國家主導分配，依據申請單位與使用目的分配給航空通訊、軍用、行動電話等使用。當某一頻段被分配給某個單位使用時，即成為該單位的專用頻道，其他單位不可使用，此稱為 Licenced Band。但為了科學實驗等用途，國際標準組織特地規劃了數個工科醫頻段（**Industrial, Scientific and Medical Band**，簡稱 **ISM Band**），任何人可在限定的功率下，隨意使用這些頻段，不需申請執照。遙控飛機的遙控器，家用無線電話，無線區域網路，Walkie-Talkie 無線對講機等，都是使用 ISM 頻段。這些頻段給多人共用，免不了會互相干擾，但因發射功率受限，每一個發射器所能涵蓋的範圍有限，互相干擾的機會並不高，但干擾現象仍然時有所聞，例如就曾發生過遙控飛機被他人用強力遙控器強行搶走的例子。

　　IEEE 802.11 無線區域網路（又稱 WiFi）所使用的 2.4GHz 頻段就是一種 ISM 頻段，多部筆記型電腦在一起同時利用 WiFi 上網時，利用一種特殊的防碰撞協定讓彼此之間可以和諧共用。不

幸的是微波爐與家用無線電話等家電也是使用這個頻段，因此會對
無線區域網路的使用產生干擾，因此現在很多人逐漸改用 5.8GHz
的家用無線電話以避免對無線區域網路的運作產生干擾。

　　商用的無線電頻段，以前是由國家直接指派給申請者使用，
近年來，漸漸採用標售的方式，價高者得之。我國的第一代行動電
話是由當時的交通部電信總局所轄事業單位直接經營，而第二代
行動電話（2G）則開放民營，除當時由電信局轉成的國營中華電
信公司直接獲得一張執照之外，其他數張執照由民間企業提呈計
畫書，由電信總局擇優發給執照，此種方式稱為選美式（Beauty
Contest），而第三代行動電話（3G）及其後的各種頻率發放都是
採用標售式（Auction）了，每一張 3G 執照的標金都超過了新台
幣 100 億元。

5.7 展頻通訊

　　展頻通訊（Spread Spectrum Communications）的原始概念
在 1900 年初期即有相關專利存在，讓發射器利用數個不同頻率的
電波輪流發射，避免被他人截取，在第一次世界大戰期間也有被
用來作為保密電話的，但這些原始的發明，並未獲得持續的研究
與推廣。現代的展頻通訊的架構是在二次大戰期間，針對軍隊無線
電話保密問題由一位作曲家（George Antheil, 1900-1959）及一
位女演員（Hedy Lamarr, 1913-2000）發明的。由於軍用無線電
很容易被敵軍竊聽，使用無線電通訊時必須使用密語等方式保密，
相當的不方便，為解決這個問題，他們設計了跳頻式（Frequency
Hopping）的展頻通訊技術：將一個頻段切成 88 個小頻段，每一
對通訊的無線電並不固定在同一個頻率上，而是不斷的在 88 個小
頻段上跳動，只要收發兩端同步的跳動頻率，雙方就可以順利通
訊。但竊聽者除非擁有相同功能的設備，而且知道跳頻的方式，否
則就很難竊聽。此種技術太過複雜，以二次大戰時的技術能力無法

以低廉的價格製作出來，以致延至戰後方能大規模的實現。如今數位電子技術的飛躍進步，展頻通訊技術已經可以用低廉的成本實現，因此使用展頻通訊技術的 WiFi 及行動電話的價格在 2000 年代就快速滑落變得非常低廉。

5.8 無線電在通訊上的應用

無線電技術可用在各種無線通訊上，如：無線對講機、行動電話、無線呼叫器、固定衛星通訊、行動衛星通訊、俗稱火腿（Ham Radio）的業餘無線電（Amateur Radio）以及筆電族極度依賴的無線區域網路等。政府與軍隊更是大量的使用無線電作爲通訊媒介。

無線電通訊的方式可分爲固定式及行動式。固定式通訊系統的使用者在移動中是不能使用的，例如在第一次波斯灣戰爭中，美國 CNN 新聞台播報即時戰況所使用的衛星通訊就是一種固定衛星通訊系統（註：CNN 記者所使用的可攜式衛星通訊系統是我國廠商所製造的）。而行動式通訊系統的使用者可以在移動中使用。行動電話除了必須使用無線電作爲通訊媒介之外，還要處理手機移動產生的問題，例如：都普勒效應以及追蹤使用者位置所需的行動管理技術。

5.9 無線電在定位上的應用

無線電除了應用在通訊之外，近年來也普遍被用來自動定位。最有名的當屬衛星定位系統（GPS, Global Positinging System），由美國軍方建置並開放民間使用，近年來硬體價格大幅降低之後，內建有 GPS 系統的設備大幅增長，車用衛星導航系統、平板電腦、智慧型手機、數位相機等設備大都內建了 GPS 系統。在 7.3 節將會簡介 GPS。而很多國家都已經規定行動電話系統必須能夠自動定位每一支手機的位置。定位成爲一個無線電很重要的應用。

三角定位法（Triangulation）源自早年沒有電腦的時代，航海家利用地圖、圓規、直尺、以及羅盤等工具利用三角幾何原理進行定位。以砲兵為例，必須知道目標及火砲自身在地圖上的位置，方能決定火砲的方位角以及火炮與目標間的距離。後三角定位法可用來決定火砲自身的位置，使用者測量火砲與前方兩個已知點的方位角，畫出一個倒三角形，其下方頂點即為火砲的位置。而前三角定位法則可用來決定遠方目標的位置，使用者在目標後方兩個已知點測量各點與目標的方位角，畫出一個三角形，其上方頂點即為目標的位置（註：因火炮通常距離目標甚遠，如欲測定目標的位置，必須由位於前線的前進觀測員進行測量）。幾何定位方法適合人工使用，但卻不方便於自動定位系統中使用。如圖 5-4，在多種自動定位法之中，有一種方法是先測量待測點（x）與三個以上已知位置的參考點（AP_1、AP_2、AP_3）之間的距離（r_1、r_2、r_3），再利用距離公式計算得知待測點之位置。

測量距離之方法有許多種，其中利用無線電波的特性是最為方便的測量工具。第一種方法是利用無線電波行進速度恆定（光速）

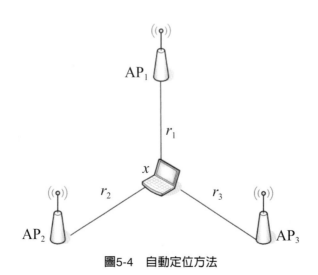

圖5-4　自動定位方法

的特性，測量從發射源到達接收點的電波傳遞時間再換算成距離。由於光速太快，如欲達到高解析度（高精密度）的定位，發射源與接收端都必須具備精密的時鐘，因此造價昂貴。另外一種方法是利用電波強度之衰減換算成距離的方法。無線電自發射源發射之後隨著距離增加而衰減，在沒有障礙沒有反射物的理想情況下，無線電波的強度之衰減與距離成一個穩定的數學關係。換言之，比較發射強度與接收點的強度即可反推而得發射源與接收器之間的距離。由於地形地物對無線電波的衰減影響很大，以此法測量得到的距離誤差可能很大，大大的影響定位的精確度。如果具備充足的測量人力，可以使用無線電地圖定位法（Radio Map Positioning System），利用大量人力事先測量各地所收到的各種無線電波強度（例如各地的 WiFi 熱點所發出的無線電波），記錄於資料庫中，在定位時，則將實際測得的無線電波強度與資料庫內的無線電地圖比較，找出最為相似的點，即可得知待測點的位置。由於無線電地圖常有變動，必須經常重測更新地圖，所耗費的人力成本極為可觀，實務上只適用在接收不到 GPS 衛星訊號的地方，例如室內。

練 習 題

1. 預測與證實電磁波存在的人分別是誰？

2. 具有「繞射」與「折射」等行為的是「粒子」或「波」？

3. 何謂 LoS 問題？高頻或低頻無線電波較容易發生 LoS 問題？

4. 為何 GPS 無法在室內使用？

5. 為何行動電話公司都比較喜歡低頻段的無線電頻道？

6. 電磁波在真空中傳遞之速度為何？

7. 地球與太陽系外星球以任何方式進行即時交談的可能性為何？

8. 一個電磁波在發射源量得的信號強度是 16 瓦，而在 2 公里之外量得強度為 8 瓦，在 4 公里外量得的強度是否可能高於 2 瓦？（假設地形平坦，沒有複雜的障礙物。）

9. 列出三種影響無線電信號強度或品質的因素。

10. 何謂多路徑干擾（Multi-path Interference）？

11. 何謂同頻干擾（Co-Channel Interference）？

12. 何謂鄰頻干擾（Adjacent Channel Interference）？

13. 都卜勒效應（Doppler Effect）對無線電頻率有何影響？

14. 舊式的行動電話在高鐵上無法使用，其最可能的原因為何？

15. 何謂工科醫頻段（ISM Band）？其使用規範為何？

16. 何謂跳頻式展頻通訊（Frequency Hopping Spread Spectrum Communications）？

17. 請說明兩種利用無線電波測量距離之法？

18. 參考圖 5-4 自動定位方法，若待測點之座標為 (x_0, y_0)，已知三個參考點之座標與距離分別為 (x_1, y_1)、(x_2, y_2)、(x_3, y_3)、r_1、r_2、r_3，請列出求 x_0、y_0 之方程式。

19. 何謂無線電地圖（Radio Map）？如何運用於無線電定位？

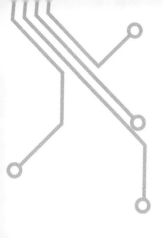

第6章

行動通訊

6.1 行動電話之演進

6.2 蜂巢式行動電話

6.3 行動電話系統架構

6.4 行動電話運作原理

6.5 換手（交遞）

6.6 CALL BLOCKING AND CALL DROPPING

6.7 漫遊

6.8 收費與編碼方式

6.9 MOBILITY 的分類

6.10 多工接取

6.11 雙向通訊

6.12 行動通訊的可靠度與抗災能力

6.13 低功率行動電話

6.14 行動數據網路

參考文獻

練習題

行動通訊

6.1 行動電話之演進

　　行動電話問世以來，其規格經過數次改進，從最初類比式大服務區的非蜂巢式系統，逐漸加入蜂巢架構及先進的數位傳輸技術，從早期只有『大哥』級的人才用得起的奢侈品，逐漸成為人手一機的普遍通訊工具。行動電話系統的發展始於 1946 年，於美國 Louis 開始使用，其設計的概念是：高功率、高天線、大涵蓋區。亦即用高功率電波涵蓋整個服務區域，所有用戶共用全頻段，系統內同時間使用手機的用戶都必須使用同一頻段內的不同頻道，頻率無法重複使用，因而頻率利用效率極差，用戶容量很少，被視為試驗性的系統。

　　蜂巢式技術發明之後，行動電話才逐漸成為普遍性的通訊工具。第一代行動電話是美國推出的 AMPS（Advanced Mobile Phone System）系統，屬於類比式行動電話，號碼內建於手機中，無法隨意更換手機，手機價格與通話費率都極為高昂，且門號資源有限，早期只有富人或工作上有需求的人才會購買使用，因沒有加密機制而容易被盜拷與竊聽，不法人士經常用電波側錄設備複製用戶資料後盜拷使用，這種盜用手機就是俗稱的王八機，當時曾造成很大的困擾。

　　隨著電子技術之進步，各國分別發展數位式可以加密的第二代行動電話系統（2G）。GSM 是歐洲各國聯合制定的規格，不但採用數位化技術，且具有良好的加密機制，不易盜拷，而且有漫遊功能。因此 GSM 曾紅極一時，成為全世界佔有率最高的行動電話系統。台灣在發放第二代行動電話執照時，限定統一使用 GSM 系統。美國則有 TDMA/CDMA/PCS 等不同規格的系統，不同系統

之手機不能相容，而且採用雙向付費，接收電話也需付費，導致使用者開機意願不高，行動電話在美國的普及速度初期非常緩慢。而第三代行動電話（3G）也同樣出現數種不同的規格，最早由美國 Qualcomm 公司推出 CDMA 規格（又名 cdma2000），後來 GSM 組織發展出 WCDMA，而中國大陸則自行制訂 TDS-CDMA 規格。我國在標售 3G 頻率時採技術中立政策，並沒有限制得標者採用何種技術，而當時最大的三家電信業者（中華電信、台灣大哥大與遠傳）在 2G 已經佔有相當的市場，對於 3G 的推廣並不積極，僅有剛加入市場的亞太電信因急於開拓市場。而採用當時唯一技術成熟的 CDMA2000 系統，而後來其他三家公司開始建置時，則採用 GSM 組織所定的 WCDMA，第五家威寶電信最後開台營運時，則加入 WCDMA 陣營，以便搶奪既有的 WCDMA 客戶，如此才導致今天台灣 3G 手機兩種規格並行的局面。3G 商場戰爭方興未艾，第四代行動電話（4G）的規格制定已經開始進行，目前是 WiMAX 與 LTE 系統激烈競爭之中，既有的電信公司多半傾向採用 LTE，WiMAX 前景堪虞。WiMAX 已經逐漸失去這場戰役（註：國家通訊傳播委員會已經在 2013 年八月接受 7 家電信業者的 4G 頻率競價資格申請，初步的審查全數通過，將於九月進行頻率競價拍賣）。

　　隨著網路世界的發展，行動電話不止提供語音服務，也必須提供數據服務，俗稱行動上網。兩者並稱為行動通訊系統。GSM 以語音通道提供數據服務，以連線時間之長短計費，費用非常高昂，因此乏人問津。當俗稱 2.5 代系統的 GPRS 推出後，才以傳送的封包數計費，用戶可以不計時間的連線上網，才算是真正的行動數據服務，第三代以後的行動電話系統都已經提供行動上網的服務。行動數據服務如以傳送的封包數計價，仍然讓用戶心驚膽跳因此望而卻步，直到行動電話公司推出「吃到飽」（Flat Rate）的月租費方案之後，用戶可以放心的盡情上網，行動數據服務方能大幅增

加用戶，但是行動電話業者的網路頻寬並不一定隨著用戶數增加而擴展，服務品質有下降之隱憂。行動數據服務已有不再提供「吃到飽」費率方案的趨勢。隨著行動數據服務需求的增加，行動通訊服務商已經開始採用 All-IP 網路技術，以單一的 IP 網路提供語音及數據兩種服務，而揚棄了電路交換網路，如此可以大幅節省成本。

6.2 蜂巢式行動電話

　　無線電頻率是稀有資源，蜂巢式技術出現之前，所有行動電話共用同一頻段，系統內的任何兩人使用的無線電波頻率絕對不能相同，如此頻率無法重複使用，因而頻率利用效率極差。而『蜂巢』技術則巧妙的重複利用頻率，盡量提高頻率利用率，可以大幅增加系統容量。蜂巢式技術是將服務區域切割成許多小區域，稱為「**細胞**」（Cell），而巧妙的分配頻率則可以高度的重複使用頻率而不會互相干擾。例如，將台灣劃分南北兩大細胞而將所有頻率分配給各細胞內的用戶使用，位於台北與高雄的兩個使用者可以使用相同頻率而不會互相干擾。當然這樣的劃分，只能增加一倍的頻率使用效率。我們可以進一步將台灣劃分為更多更小的細胞以增加使用者。當細胞越來越小時，同頻干擾的問題出現了，而蜂巢技術巧妙的安排頻率的分割與分配，可以讓細胞小至數平方公里而不會互相干擾。

　　蜂巢式系統將服務區劃分為許多蜂巢形狀的細胞（Cell），各個細胞範圍內的用戶由一個基地台提供服務，再以數個相鄰的細胞組成一群（Cluster）如圖 6-1 所示。再將一個營運商所擁有的頻道平均分配給同一 Cluster 內的不同細胞使用（如圖 6-1 中不同編號的細胞），且將每個細胞內基地台的發射功率控制在一定的上限之下，再以此方式將 Cluster 不斷的重複以涵蓋整個服務區，同一 Cluster 內的手機必須使用不同的頻道，而不同 Cluster 的手機可以使用相同頻道，蜂巢式架構巧妙的安排，讓使用相同頻道的細

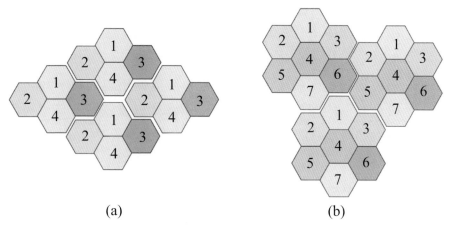

圖 6-1　蜂巢式系統之頻率共用方式：(a)四細胞 (b)七細胞

胞相距至少一個細胞（圖 6-1 中編號相同的細胞），因相距夠遠
而不至於互相干擾（同頻干擾），達到頻率重複使用的目的，增加
頻率使用效率。**頻率重用率**（Frequency Reuse Factor）的定義為
「同一 Cluster 內細胞數的倒數」。若 Cluster 內有 4 個細胞其頻
率重用率就是 1/4，若有 7 個細胞則為 1/7，若 Cluster 內細胞數
較多，頻率重用率較高，但相同頻率的基地台之間距離會變得比較
接近，同頻干擾的機會可能會增加，訊號品質較差。各家電信業者
會依據不同地區的使用者數量、地形狀況與費率等條件決定各地區
的細胞數量。每一個基地台所能服務的使用者有其上限，若某地點
的使用人數超過當地基地台的容量時，就容易塞車，使用者常撥不
通電話，電信公司就會將原有的細胞切的更小，增加基地台數量
（但每個基地台的服務範圍縮小），這就稱為**細胞分裂**。

　　行動電話營運商可視服務範圍之不同而選擇合適的系統與頻率
選擇方式如下：

1. 大範圍使用衛星電話：在極廣闊且無遮蔽的地區（例如：
　　無法架設基地台的沙漠、曠野或海洋）使用者數量少，且

訊號不會被阻擋，因此適用衛星通訊。

2. 中等範圍使用低頻系統（例如 900MHz）：郊區使用人數與建築物較少，可盡量減少基地台數量。每一基地台的電磁波涵蓋範圍較大，容易因地形阻隔而出現死角，故使用較低頻率的頻段，不但隨著距離強度衰減較慢，且可利用繞射等特性避開死角。而高頻無線電容易發生 LoS 問題，死角較多，而且隨著距離之增加，信號強度比低頻信號更快的衰減。

3. 小範圍使用高頻系統（例如 1800MHz）：市區使用者較密集，基地台能服務的範圍較小，需要建置較多的基地台，且鋼筋水泥的建築物較多，因此採用穿透建物能力較強的較高頻段。

6.3 行動電話系統架構

與固定網路相同，行動電話基地台必須連接至交換機才能提供通話服務。圖 6-3 為蜂巢式行動通訊網路的架構，用戶的終端設備稱為行動台（Mobile Station，俗稱手機），而基地台（BTS, Base Transceiver Station）負責使用無線電波連接手機，基地台後面有個 BSC（Base Station Controller）提供無線電頻道分配與管理等任務。行動交換機（MSC, Mobile Switching Center）負責手機的通話連接（Call Processing），同時也負責與其他公眾電話網路連接，使得行動電話可以與全世界其他電話網路的電話連通。

圖 6-2 為各種基地台的圖片，因為基地台用地不容易取得，通常有好幾組天線共用一座基地台，而每一組天線包含 3 至 6 根垂直的天線。

圖 6-2　行動電話基地台

6.4 行動電話運作原理

　　我們以第二代行動電話系統做為藍本說明其運作原理。行動電話用戶與手機並未綁在一起，是可以更換的，但為了簡單起見，我們統一以行動電話代表用戶與手機。行動電話系統中除了基地台，BSC 與交換機之外，還包含兩組資料庫系統，HLR（Home Location Register）及 VLR（Viositor Location Register）負責管理使用者位置與資訊交換（圖 6-3 中的 VLR 與 HLR），俗稱為「行動管理」或「位置管理」（Mobility Management）（在服務範圍很大的地區，須在各地建置 HLR 及 VLR 這兩套資料庫，每一個 MSC 配屬一個 VLR，如果是小地區，也許只要集中在一起即可）。簡言之，就是利用一套資料庫記錄每一支手機的位置，當其他電話要與某個行動電話通話時，就先到資料庫中查詢該電話的目前位置，就可以順利連通該電話。每一個門號都有一個與電話號碼綁在一起的資料庫，稱為 HLR，而建置在各地區的 MSC 的 VLR

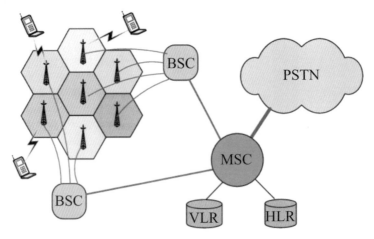

圖 6-3　行動電話基地台架構

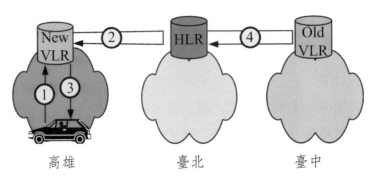

圖 6-4　行動電話的註冊程序

則記錄目前涵蓋在此 MSC 服務範圍內的所有行動電話的資料。圖 6-4 是行動電話的註冊程序，當行動電話開機或變換位置時，會找到最近的基地台尋求服務，啟動註冊程序，將目前位置的相關資訊記錄在負責該區域的 VLR，該 VLR 則將此資訊報告給該電話的 HLR，HLR 原來所記得的舊有資訊必須更新，並從舊的 VLR 中刪除。當其他電話要連到某一行動電話用戶時，則可根據其電話號碼找到該用戶的 HLR，並向其查詢該用戶的行動電話的當前位

置。以下是行動電話變更位置時,修改三個資料庫的步驟(假設一個位於台北的用戶,先到台中,後到高雄):

1. 在新位置(高雄)的 VLR 內登記此手機資訊(圖 6-4 步驟 1、3)。

2. 到該支手機的 HLR(台北)更新目前手機所在的 VLR(圖 6-4 步驟 2)。

3. 註銷舊位置(台中)的 VLR 中的手機資訊(圖 6-4 步驟 4)。

如圖 6-5,從市話或行動電話撥打另一支行動電話時,其建立通話之前必須確定受話者的所在,其程序稱為 **Call Delivery**:

1. 市話撥出號碼,對交換機送出連線要求。交換機則根據電話號碼這支手機所屬的 HLR,向該 HLR 提出查詢,得知其目前所在的 VLR(圖 6-5 步驟 1)。

2. 由 HLR 向該 VLR 提出查詢(圖 6-5 步驟 2)。

3. 由此手機所在地之 VLR,傳回該手機的相關資訊至 HLR(圖 6-5 步驟 3)。

4. 由 HLR,傳回該手機的相關資訊至市話交換機(圖 6-5 步驟 4)。

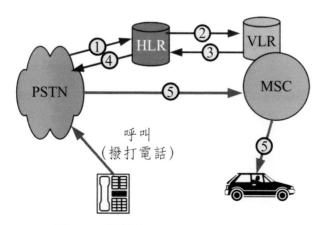

圖 6-5　市話至行動電話的通話建立程序

5. 市話交換機根據所得資訊與手機所在地 MSC 建立連線，接通電話（圖 6-5 步驟 5）。

6.5 換手（交遞）

由於手機的服務區域被切割為許多細胞，當使用者拿著手機跨越細胞邊界時，就要切換提供服務的基地台，此稱換手或交遞（Handoff）。Handoff 可分為硬交遞（Hard Handoff）與軟交遞（Soft Handoff），差異為：

硬交遞（Hard Handoff）：一旦原連接的基地台的訊號開始變弱，立即執行 Handoff 程序，刪除原有基地台內登記資料並歸還所保留的資源，由新的基地台接手。

軟交遞（Soft Handoff）：訊號變弱時，先向新的基地台註冊，但不刪除原基地台內的資料，也不歸還所保留的資源，在其中一個訊號消失之前，可以隨時切換使用兩個基地台提供的服務。

軟交遞能提供較佳的服務品質（不過，必須佔用較多資源），因為在兩基地台之交界處無線電訊號可能相當不穩定，手機接收到的訊號會忽強忽弱，若採用硬交遞與先前基地台中斷聯繫，當新的基地台訊號不穩時，通訊就會時斷時續。

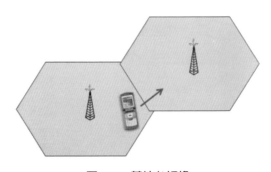

圖 6-6　基地台切換

6.6 Call Blocking and Call Dropping

　　無線電的資源是有限的，如果使用者太多時就會不敷使用。對一個細胞而言，無線電頻道不足的情況分為兩種，第一種是一個行動台（手機）要撥打或接收電話而基地台無法提供無線電頻道；第二種是一個行動台（手機）要換手進入這個細胞而基地台無法提供無線電頻道。遇到前者情況時，系統會拒絕該行動台的進入，此種情形稱為 Call Blocking。遇到後者情況時，該通電話將會因沒有無線電頻道可用而斷訊，此種情形稱為 Call Dropping。而一般使用者比較不能容忍通話中被迫斷訊，因此有些行動電話業者會故意保留一些無線電頻道專供換手之用。如此，可以降低通話中被中斷的機會，雖然會增加 Call Blocking 的機會，但整體的滿意度可以稍微提高。

6.7 漫遊

　　不同行動電話公司之間可以互相合作，幫對方所屬的行動電話提供服務，稱為「漫遊」（Roaming）。例如台灣某電信公司的用戶，到了美國之後，打開手機，可由當地的行動電話公司為這支手機提供服務，只要兩家公司簽有合作協議。

　　在台灣，由於所有電信業者都是全區服務，所以沒有漫遊的需求。但若帶手機出國使用，就可以體會國際漫遊（Internation Roaming）的好處：一個行動電話用戶（A 用戶）只要在國外打開手機，接收當地的電信業者訊號，在台灣的任何電話用戶，甚至國外的用戶，可以撥打 A 用戶原本的電話號碼找到 A 用戶，當然A 用戶也可以在異地撥打電話。只是無論接聽或撥出，都要負擔相當高昂的漫遊服務費用。尤其是當漫遊到國外的用戶如需與國內用戶通話時，會使用到國際線路，因此漫遊用戶必須額外支付國際電話費用。我國採用發話端付費，但從國內發話給漫遊到國外的用戶

時，發話者並不知道受話已經在國外，所衍生的國際電話費用必須由受話端支付。整體說來，GSM 的高保密性與支援國際漫遊的特性，使得它取得極大的市場佔有率。

6.8 收費與編碼方式

行動通訊系統的收費方式五花八門，除了月租費之外，對於每通電話的收費有兩種：第一種是跟固網收費方式一樣的「**發話端付費**」，而第二種是收話方也須付費的「**雙方付費**」。而編碼方式也有兩種：一種是「與市內電話混編」的方式（例如：美國的編碼方式），以及「與市內電話清楚分隔」的方式（例如：台灣的編碼方式）。編碼方式由國家決定，而收費方式是由編碼方式來決定，營運商並無選擇之自由。

商用通訊系統的收費，必須遵循一個鐵則，**付費者在撥打電話或收聽電話時，必須事先知道費率**。當行動電話號碼與市內電話混編在一起時，任何電話用戶撥打一個行動電話號碼時，他無法分辨該號碼是否行動電話，會誤以為那是市內電話，他只願意支付市內電話費用，因此該通電話的價差必須由收聽者（行動電話用戶）支付，因此必須採用雙方付費的方式。發話端收費方式有一個例外：上一節已經提到過，一個用戶如果漫遊到國外接收電話時，發話者並不知道受話方已經漫遊到國外，因此只願意支付國內的行動電話費用，其國際電話費用則必須由受話方支付，變成收發兩端皆須付費。

6.9 Mobility 的分類

行動通系統所支援的行動能力分為數種：

Terminal Mobility：Terminal 就是指行動電話手機，亦即行動電話可以讓用戶擺脫固網線路的羈絆而可以到處移動，所有的行動電話都必須具備 Terminal Mobility。

如果一個行動電話系統只具備 Terminal Mobility 時，那電話號碼是跟手機綁在一起（通俗的說法是：號碼燒在手機中），不能自由更換手機，也不能自由更換行動電話的服務商，一個最典型的系統就是第一代的 AMPS 系統。

Personnel Mobility：使用者可以帶著自己申請的電信服務，轉移到任何一支手機上使用，服務不用被手機綁住。就如同 GSM 系統的 SIM 卡，可放置於任一手機中。而手機本身也可以插入不同 SIM 卡更換用戶或服務商。第一代的 AMPS 系統就不具備這個功能。台灣使用的 GSM 系統就具備 Personal Mobility。而美國的一些電信業者（如：T-Mobile）或是 iPhone 為了商業理由而不願支援這項服務，他們的 SIM 卡與手機之間都有特別的鎖定機制，無法更換使用。反觀台灣的行動電話系統則沒有鎖機的習慣，任何一支 GSM 手機都可以插入任一電信公司的 SIM 卡使用。（第三代行動電話則有兩種不相容的系統，兩系統的手機無法通用。）

Service Mobility：更進一步的讓某一個用戶漫遊於不同網路，而可以保留其特有的服務，例如讓一個用戶的電話號碼可以漫遊於固網，行動電話甚至網路電話上，換言之，電話號碼隨著用戶的移動而自動轉移，用戶可以在行動電話與家中市內電話使用同一個號碼撥接電話，這是相當理想的通信模式，但技術上的複雜度使得此項服務之進展相當緩慢。

6.10　多工接取

多工接取意指，在一個傳輸媒介上利用多工技術（Multiplexing）同時讓多個訊號源連上網路的方法，於行動電話而言，多工接取就是讓多部行動電話同時連上同一個基地台。常用的方法有三種：

分頻多工接取（Frequency Division Multiple Access, FDMA）：將頻段依頻率切割成多個小頻段，每個不同的傳輸訊號使用不同的頻段，如同電視或收音機一樣，只要頻段不重疊，就可

同時在不同頻段播放不同的節目。於行動電話時則是同一基地台所服務的行動電話,在同一時間都使用不同的頻率。FDMA 的技術較為簡單,使用類比式技術即可做到。由於類比訊號不易加密,因此第一代行動電話容易被竊聽,甚至門號資料被複製(俗稱盜拷)。

分時多工接取(Time Division Multiple Access, TDMA): 在使用了分頻多工之後,再以時間做切割,在同一頻段上,將時間切割成一個個時槽(Time Slot),讓多個使用同一個頻段的訊號源輪流傳輸一小段時間,即可讓多個使用者共用同一頻段。GSM 第二代行動電話即使用此種技術,除 GSM 之外,也有其他系統採用此種技術。TDMA 的技術比較複雜,必須使用數位技術方能達成。數位訊號可以壓縮也容易加密,因此第二代行動電話的頻率使用效率(單位頻寬可服務的使用者數量)大為提高,而安全性也大為提升,大幅提高了竊聽與盜拷的技術門檻。

分碼多工接取(Code Division Multiple Access, CDMA): 係使用展頻(Spread Spectrum)技術的一種多工方式。第五章已介紹過跳頻式的展頻通訊技術,而行動電話使用另一種展頻技術,稱為 CDMA。發射與接收使用許多小頻段發射訊號,使用哪些小頻段則是遵循一個指定的編碼。各個編碼之間互相正交。接收器收到的所有訊號後做內積,即可清除非正交編碼所發射的信號。這就如同在同一個房間裡有許多人同時在說話,大多數人都使用聽不懂的外語交談,但只有兩個人在說中文,此時說中文的兩人彼此可以很容易的聽清楚對方說話內容,其他人的交談聲音只不過是背景噪音而已。由於 CDMA 的頻率使用效率高於前兩種,因此第三代行動電話都是採用 CDMA 技術(CDMA 2000 及 WCDMA)。

無線傳輸最關鍵的資源就是頻寬,各種無線通訊都希望盡可能的善用頻寬,讓越多人同時使用越好,因此現代的多工技術都是圍繞在頻率使用效率上做文章。分頻多工接取技術的歷史最悠久,技術較簡單,用類比電路即可輕易實現。早期類比式行動電話都採用

FDMA，但因為頻率使用效率不高，導致容量有限，遠不敷使用者需求，客戶提出門號申請後要等待很長時間才能獲得門號。第二代以後的行動電話則採用數位訊號，並加上壓縮技術減少頻寬需求以及使用 TDMA 或 CDMA 等多工接取技術，無線頻率的使用效率大幅提昇，系統容量（Capacity）隨之大幅增加，擴大可用人數，行動電話才得以普及於一般大眾。

不過，無論 FDMA 或 TDMA 都必須事先分配頻率或時間單位，無法動態的調配使用。當使用者少的時候，即使有空閒的頻率或時槽，也無法立刻分配給現有的使用者（例如：使用更多頻道增加傳輸速度）。而 CDMA 則解決了這個問題，採用分碼多工方式，當使用者少的時候，收送兩端可直接提高傳輸速率，毋需事先取得時間或頻率分配，無論頻率或時槽單位都不需更改，資源之耗用就可較易動態增減，因此 CDMA 在三者之間頻率使用效率最高，為第三代以後的行動電話所愛用。

6.11 雙向通訊

一個電話線路須能讓兩端使用者同時說話與收聽（Full-Duplex），有兩種方式實現。一是使用兩個頻率支援雙向通訊：說話時用一個頻率傳送，而收聽時則用另一個頻率，這稱為 FDD（Frequency Division Duplex）。二是採用時間分割的方式，利用同一頻率的兩個時槽，說話時用一個時槽傳送，而收聽時則用同一頻段的另一個時槽，稱為 TDD（Time Division Duplex）。FDD 技術因為需要兩個傳送器（Transmitter），成本較高，而TDD 則相對便宜，FDMA 系統只能用 FDD，而 TDMA 則可以使用任一種。

6.12 行動通訊的可靠度與抗災能力

　　兩支手機就算位於同一個基地台能接收的範圍之內互相撥打，訊號仍然要傳回交換機才能通話。技術上來講，要讓兩支同基地台的手機直接互相連接是可行的，但基地台通常不具備交換機功能，無法處理『呼叫』，所有通話必須透過交換機才能完成，而基地台與手機之間雖然是以無線電連結，但是與後方的設備之連結則是依靠沿著道路橋樑鋪設的幹線，抗災能力極為有限。因此許多大型自然災害發生後，即使基地台完好，但因為連結至交換機房的線路受損，導致服務中斷。就如同 2009 年發生在台灣的八八水災，洪水沖毀數十座橋樑，沿著橋樑架設的纜線也隨之毀損，此時山區的基地台即使運作正常，也無法連上交換機。因此，行動電話系統是平常大家以為最方便的求救工具，實際上在大型自然災害發生時相當的脆弱，出乎很多人的意料之外。

6.13 低功率行動電話

　　先前提及的第二、第三代行動電話都是屬於高功率的系統，而行動電話市場中還有另一種低功率的行動電話系統。低功率行動電話原有三個主流技術，分別為：PACS、PHS 與 DECT，除了日本主推的 PHS 系統之外，其餘的兩者皆已胎死腹中。台灣目前市場上使用的是日本推行的 PHS 系統，其市場佔有率也是逐年下滑。

　　比起一般行動電話，低功率行動電話系統中的每一座基地台所涵蓋的範圍遠小於一般的行動電話，故需要大量的基地台方能達到媲美一般行動電話的覆蓋率。由於基地台的建置常受到居民抵制，而且數量太多所引發的維護成本也不低，導致以低價為訴求的低功率行動電話之成本未能大幅下降，因此只能犧牲覆蓋率，專注於市區或醫院等小型社區之覆蓋，對使用者而言相當不便（若要保持收訊暢通，隨身必須攜帶 GSM 與 PHS 兩個門號），當一般行動電

話因市場競爭而降價，且推出吃到飽的計費方案之後，低功率行動電話的低價訴求失去吸引力，而其覆蓋率的缺陷卻成為致命傷，再加上其手機不如一般行動電話常常推陳出新吸引消費者，以致於欲振乏力，僅存的 PHS 系統早已奄奄一息。

6.14 行動數據網路

用 Modem 撥接上網與 ADSL 上網最大的不同是：撥接上網是使用線路交換網路（Circuit Switching）的語音網路，上網時就與講電話一樣，即使沒有資料傳輸，也必須佔用線路，因此多半以時間來計價，非常昂貴，原始的 GSM 即是採用此種技術提供數據服務，以致難以受到用戶青睞。反之，GPRS 則採用封包交換網路，只有在傳送資料時才佔用網路，以封包傳輸量（或吃到飽）來計價。GPRS 是 GSM 網路為了傳輸數據資料而建的，除了原有的線路交換網路之外，另外建了一套封包交換網路，在這封包交換網路上建置有數個閘道器：一個 GGSN（Gateway GPRS Support Node）與多個 SGSN（Serving GPRS Support Node）。GGSN 負責將 GPRS 連接到網際網路（Internet），而 SGSN 散佈在各地，負責讓手機上網，（可視為 GPRS 網路的入口），數據服務及語音服務共用基地台，原本的語音通話仍然透過線路交換網路傳送，但在 BSC 的後方則連上附近的 SGSN，手機上網時，資料先送至基地台，再連上 BSC，然後就由 BSC 將封包送至 SGSN，封包也就進入 Internet 了。如此一來，原本只能傳遞聲音的 GSM 系統在不變更原本網路結構的狀況下加入了數據通訊功能，連接 Internet，這也就是俗稱的 2.5G 行動通訊。

第三代以後的行動通訊則採用 All-IP 架構，直接以 IP 網路承載語音及數據兩種服務，並不需要建置線路交換及封包交換兩種不同的網路。

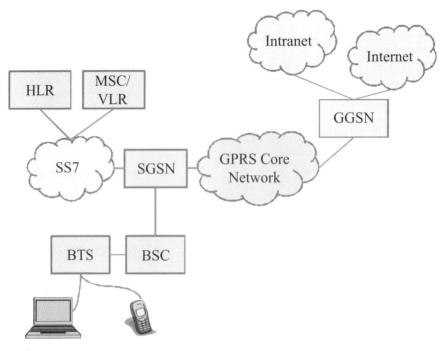

圖 6-7　GPRS 網路架構

參考文獻

1. Y-Bing Lin and Imrich Chlamtac, "Wireless and Mobile Network Architectures", Wiley Computer Publishing, Hoboken, New Jersey, Dec. 2000.

 練　習　題

1. 第一代蜂巢式行動電話使用類比或數位傳輸技術？

2. 蜂巢式行動電話為何優於非蜂巢式行動電話？

3. 請從抗干擾能力及頻率使用效率比較「四細胞」與「七細胞」蜂巢式行動電話。

4. 請畫出蜂巢式行動電話（Cellular Communication Network）的基本架構（hint：基本元件：行動台（手機），Base Station，Base Station Controller，MSC 以及兩個資料庫）。

5. 請說明蜂巢式行動電話（Cellular Communication Network）所使用的頻率再用（Frequency Reuse）概念，其所獲得之利益為何？

6. 兩支連到同一基地台的行動電話可不可以直接通話，而不必經由交換機（MSC）連接，其原因為何？

7. 何謂位置管理（Mobility Management），並解釋 HLR 及 VLR 在位置管理中所扮演之角色。

8. 簡述位置管理中一部行動電話從一地移動到遠方時行動電話必要之註冊程序。

9. 簡述一個固網電話用戶撥打另一部行動電話之連接程序。

10. 當一個行動電話手機從一地（台北）移動到另一地（高雄）時，請依時間順序說明如何更動 VLR、HLR 內的記錄。

11. 請解釋何謂 Call Blocking？何謂 Call Dropping？在頻道資源固定的情況下，如何調整這兩個參數，最終可以提高使用者滿意度？

12. 台灣的行動電話為何使用發話方付費，可以改用雙方付費嗎？

13. 請解釋何謂 Hand-off？何謂 Roaming？

14. 何謂 FDMA、TDMA？

15. 請說明 Terminal Mobility 與 Personal Mobility。

16. 為何 GPRS 行動數據服務可以依資訊量收費，而不必依照連接時間之長短收費？

第 7 章

衛星通訊

7.1　通訊衛星簡介

7.2　人造衛星為何不會墜落？

7.3　同步衛星

7.4　GPS 全球定位系統

7.5　衛星行動電話與銥計劃

7.6　衛星的訊號處理能力

7.7　太空碎片

　　　練習題

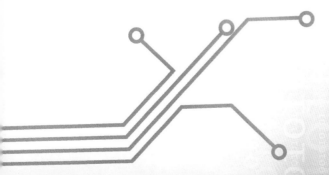

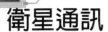

衛星通訊

7.1 通訊衛星簡介

　　人造衛星飛行於地球上空，可以作爲長距離通訊之用。通訊衛星的運用，可以看成是一面鏡子，無線電訊號從地面發射至衛星，衛星再利用**轉頻器**（Transponder）將收到的訊號轉換一個頻率再反射回地面讓接收器接收，如此可以跨越海洋，避免地形地物阻隔，達成長距離通訊的目的。由地面發射器到衛星的鏈路稱爲**上鏈**（Up Link），反之稱爲**下鏈**（Down Link）。

　　人造衛星的成本極高，一顆衛星的造價動輒美金數億元，而且必須利用火箭發射至太空中，佈設一顆衛星也需美金數億元，通常使用年限約爲 12~15 年。

　　由於衛星的高度很高，因此其特色爲通訊距離遠、覆蓋範圍廣大。以高軌道的同步通訊衛星爲例，它的通訊範圍可以覆蓋地球表面積的 42.4%，一顆衛星就能讓相距 18000 公里的地面通訊站之

圖 7-1　衛星的訊號反射功能

間互相通訊。且衛星通訊因造價昂貴，其品質極高，而且無線電波在眞空狀態下之傳遞比地面穩定，所受干擾較少，且採用高頻訊號傳輸，頻寬極大：一個衛星通訊頻道能同時提供數萬個語音通訊使用。衛星設置於高空中，除了在多雨氣候地區造成的雨衰之外，通訊不容易受自然災害的影響。

7.2 人造衛星為何不會墜落？

　　飛機遨翔天際離不開兩樣東西，一是充足的燃料與產生強力推力的引擎，二是提供浮力的機翼。而人造衛星並沒有攜帶足夠飛翔十餘年的燃料與強力引擎，也無提供浮力的機翼與大氣，爲何不會掉下來？讀者可以將衛星想像成由地球丟出去的一顆石頭，爲何不會掉下來？很多對物理常識較爲陌生的人常誤以爲人造衛星是因爲離心力的存在而不會掉下來。其實只要稍具物理學知識，就知道離心力是不存在的（施力者在哪裡？）。依據牛頓運動定律，動者恆動，靜者恆靜。一個物體如果不受外力影響，速率與方向都不變，不會做圓周運動繞地球飛行。一顆靜止不動的人造衛星受到地心引力的影響，毫無疑問當然會掉下來。但如果這顆人造衛星具有速度的話，就不一定了。一顆具有速度的人造衛星在軌道上沿著繞地軌道的切線方向飛行時，受到垂直於其行進方向的地心引力的影響，會改變其行進方向，如果衛星的速度太慢，還是會被地球吸下來，如果速度太快，地心引力抓不住衛星，那這顆衛星就會飄離地球，只有速度剛剛好時，衛星才會繞著地球做圓周運動。具備強力引擎的火箭射向太空時，給了人造衛星所需的初速，而地心引力則提供了圓周運動所必須的向心力，而太空中空氣極爲稀薄，對人造衛星的速度幾無影響，因而衛星只須攜帶微小的能量供小幅度修正其軌道之用，即可維持於既定軌道上不會墜落。但一般的衛星也無足夠動力與航行裝置任意改變軌道，在被佈設於既定軌道之後，就只能待在軌道中直到失去修正軌道的必要動力或與地面的控制中心失聯

之後，變成太空垃圾。（所謂的殺手衛星必定攜帶有足夠燃料，及動力裝置才能任意改變軌道。）

7.3 同步衛星

衛星的前進速度與地心引力之間有一定的關係。我們知道，地心引力隨著高度而遞減，因此，越高的衛星其前進速度越慢，而越低則越快。當高度跟月球一樣高時，繞地球一週耗時一個月，而低軌道的間諜衛星，繞地球一週只需數小時。

當衛星繞地球一週正好是 24 小時的時候，正好跟地球的自轉同步，由地面看衛星好像靜止不動。其軌道高度約在地球赤道上空 35,830 公里處。這個高度相當高，約為地球圓周的十分之九，相當於七萬座 101 大樓的高度，可想而知要花費多少能量才能克服地心引力將一顆人造衛星送到如此高的太空之中。同步衛星因高度很高，通訊涵蓋範圍極廣，只需三個衛星就能涵蓋整個地球表面。但同步衛星並不適用於電話通訊：由於衛星高度接近三萬六千公里，訊號一來一回共需旅行七萬兩千公里，即使電波以光速傳遞也需要 200 毫秒（ms）以上時間，電話的使用者就可明顯感受到講話時的語音延遲。因此，衛星行動電話系統所使用的人造衛星都是佈設在低軌道以減少訊號延遲時間。也因為低軌道衛星涵蓋範圍很小，必須佈設數十顆以上的衛星才能涵蓋全球大部分的地區。Motorola 所主導的『銥計畫』（Iridium）就使用了 66 顆低軌道衛星。

在赤道上空的同步衛星為了避免碰撞，兩顆衛星之間必須間隔兩度，因此最多只能放置 180 個同步衛星，衛星軌道由聯合國統一分配給其會員國。我國無法獲得軌道配額，只好與其他國家合作，使用他國獲配的軌道佈設衛星。

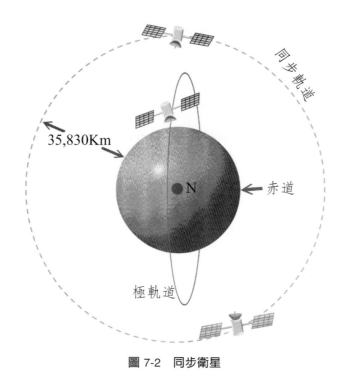

圖 7-2　同步衛星

表 7-1　人造衛星依高度分類

衛星分類	全　名	高度（哩）	涵蓋全球所需衛星數
GEO（同步衛星）	Geostational Orbit	22,300	3
ICO（中軌衛星）	Intermediate Circular Orbit	6,000	10
LEO（低軌衛星）	Low Earth Orbit	500	48

　　衛星依照高度來分類，可分為三種高度。如表 7-1 所列，可以看出當衛星高度越高時，就能用越少的衛星涵蓋整個地球表面的訊號傳輸。而同時，高度越高的衛星，其飛行速度也越慢。而衛星若依照用途來分類，則可分為固定通訊、廣播與行動通訊使用，如表 7-2 所列。

表 7-2　人造衛星依用途分類

分類	全名	用途
DBS	Direct Broadcasting Satellite	衛星直播電視
FSS	Fixed Satellite Service	固定通訊衛星服務
MSS	Mobile Satellite Service	行動通訊衛星服務（衛星行動電話）

7.4 GPS 全球定位系統

人造衛星另一項極為流行的用途就是 GPS（Global Positioning System）全球定位系統。這是一種能提供經緯度（P）、速度（V）與時間（T）等詳細資訊的地理位置資訊系統。它最早為美國國防部與海空軍共同進行之計畫，供美軍所使用，發展至今全面免費提供給民間使用，所有權屬於美國交通部。GPS 能夠提供高精度三維座標及時間測量系統，可於全天候即時且連續的訊號輸出（每秒一次），供量測定位使用。

目前 GPS 使用 24 顆低軌道衛星（1994 年發射，距地面約 20,000 公里），分佈在六個軌道，每個軌道有 4 顆衛星，以 55 度角繞地球運行。這些衛星每 12 小時繞行地球一週，每秒固定對地面發出定位訊號。不過，美國軍方不願讓民間使用者得到太精確的定位資料而危及美國的國家安全，所以在供給民間使用的訊號上，另外加入 S/A（Selective Availability）效應干擾訊號，降低民用 GPS 接收機定位精確度。目前民間用 GPS 精確度大約為 100~300 公尺，已滿足大多數使用需求，且目前可利用差分定位法（Differential GPS, DGPS）提高定位精度到 2~10 公尺內。

如第五章所介紹，衛星定位的原理是利用信號傳遞時間計算未知點與衛星之距離，再利用三角定位法定位（因此 GPS 衛星內需

要配置極為精準的時鐘以提供誤差極低的同步訊號）。定位時，必須同時接收到至少 3 顆衛星的訊號才可獲得二度空間定位（經緯座標），而獲得 4 顆以上衛星的訊號就能進行立體空間定位（包含高度）。目前 GPS 用途十分廣泛，從專業測量、軍事指揮、救援任務到汽車駕駛導航無一不包，且隨著接收系統的價格越來越低廉，體積越來越小，使用者也越來越普及，目前許多智慧型手機均內建 GPS，可配合 Google Map 等服務，GPS 系統幾乎到達無所不在的程度。

7.5 衛星行動電話與銥計劃

目前全球有兩項運用低軌道通訊衛星建構行動通訊網路的計劃分別為『銥計劃』（Iridium）以及『全球之星』（Globalstar）。銥計畫利用 66 顆衛星構成通訊網，最初由 Motorola 主導，台灣大哥大的前身太平洋電信公司有參與投資。該計畫原先設計發射 77 顆高度為 750 公里的低軌道衛星（「銥」是化學元素周期表第 77 個），基本目標是提供一個世界性的電信服務，讓使用者以手提式器材直接與銥衛星通訊，提供世界各地的語音與資料傳輸服務，這兩個系統費用太高，面臨具有國際漫遊能力的 GSM 的強力競爭，未能真正搶佔行動通訊市場而虧損連連。

7.6 衛星的訊號處理能力

大部分的通訊衛星只是單純的信號反射裝置，本身並未具備強大的信號處理能力，通常不具備交換機的功能，而無法進行衛星與衛星之間的空中接力建構成一個在太空中的網路。雖然也有相關研究提出建議將交換功能內置於衛星中，以達到在空中建構網路的目的，但這在技術與成本上還是有困難的，且若遇到設備故障，維修極為困難，因此目前尚未有如此技術出現。

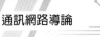

7.7 太空碎片

隨著人造衛星發展越來越普遍，地球軌道上空的漂浮物體也越來越多。在人類多年的太空探險史中，共有近 1 萬 7 千個人造物體，包括：火箭殘骸、報廢衛星、以及仍在運行的衛星，雖然各國都發展出追蹤這些物體防止撞擊的系統，但仍然防不勝防，也確實有衛星之間相撞的意外狀況發生。銥計畫的一顆人造衛星與俄羅斯一顆已報廢的軍用通訊人造衛星就曾經於 2009 年相撞，撞擊後的結果導致更多碎片雲，影響其他衛星的運行。

 練 習 題

1. 通訊用的人造衛星中的轉頻器（Transponder）作用為何？

2. 人造衛星繞行地球做圓周運動，不會墜落地面也不會飛離軌道之兩個必要條件為何？

3. 衛星軌道之高低與轉速之關係為何？

4. 人造衛星需不需要如同飛機一般攜帶大量燃料及強力引擎維持飛行速度？請說明原因。

5. 同步衛星之大約高度為何？

6. 如以同步衛星作為通訊衛星，無線電波自地面發射站到地面接收站之間大約花費多少時間？

7. 同步衛星為何不適合作為雙向語音通訊之用？

8. 為何衛星行動電話大多使用低軌道衛星？

9. 為何低軌道衛星需要許多顆才能覆蓋全球？

10. 行動衛星通訊與固定衛星通訊有何不同？

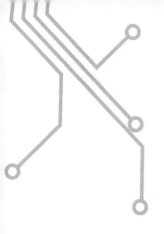

第 8 章

電信自由化與電信法規

8.1　緣起──由管制走向開放

8.2　我國電信事業之分類

8.3　電信市場之逐步開放

8.4　我國電信法主要精神

　　　參考文獻

　　　練習題

電信自由化與電信法規

8.1 緣起——由管制走向開放

1980 年代之前,具有獨佔性質的事業,例如:通訊、鐵路、電力系統等都受到國家的高度管制,甚至由國家直接經營。電信系統因電信基礎投資龐大而具自然獨占之特性,以及生活必需品與國家安全的公共性,除了美國之外的國家,大多是由國家獨佔經營。我國是由交通部轄下的電信總局獨佔經營,當時的電信法主要精神就是保障獨佔經營及電信服務之普及。

獨佔事業即使接受國家管制也免不了效率低落進步緩慢的缺點,自 1980 年代之後,全球各國紛紛改弦易轍,立法放鬆管制、開放民營並引進競爭機制以提高效率,自由化的風潮席捲全球,稱為 Deregulation。電信自由化從美國法院於 1984 年判決 AT&T 違反「反拖拉斯法」(Antitrust Law)開始吹起號角。AT&T 被分解為七家區域性電話公司(Regional Bell Operating Company, RBOC)與一家長途電話公司(AT&T),並開放長途與國際電話業務,容許新競爭者加入(詳情請看第三章)。各先進國家亦相繼重新檢討電信服務業獨占架構的必要性,並進而導入競爭之產業政策,開放民間業者經營電信業務。

我國亦於 1996 年通過電信三法(電信法、交通部電信總局組織條例、中華電信股份公司條例),將電信事業之監理與經營分離,開放民營,並成立國營的中華電信公司負責電信事業之經營,改制後的電信總局專注於電信事業之監理,並依據新電信法精神,積極推動電信自由化。為落實電信自由化政策,一方面循序開放電信市場,同時另一方面則積極制訂相關法規,以創造自由公平之競爭環境。當國家通訊傳播委員會(NCC)成立之後,電信監理之

職權轉由 NCC 負責。

8.2 我國電信事業之分類

　　電信法將電信事業分為第一類電信事業及第二類電信事業。第一類電信事業指設置電信機線設備，提供電信服務之事業；第二類電信事業係指第一類電信事業以外之電信事業。簡而言之，第一類電信事業是可設置網路基礎設施來提供服務或提供給其他業者租用者；第二類電信事業則必須向第一類電信事業租用設備來提供服務。

　　第一類電信事業具有設置網路基礎建設設備之權利，可擁有頻譜、土地或衛星使用權，故有較多經營限制與義務，因此採**特許制**開放（申請者即使符合所有申請條件也未必能獲得經營許可），有外資限制、必須繳交特許費、必須提供網路互連、普及服務及緊急電話服務等義務。第二類電信事業則採**許可制**（申請者只要符合所有申請條件即能獲得經營許可），又分特殊二類與一般二類，前者包括語音單純轉售服務、E.164 用戶號碼網路電話服務、非 E.164 用戶號碼網路電話服務、租用國際電路提供不特定用戶國際間之通信服務，屬比較接近第一類電信事業之業務，故雖採一般許可制發照，也跟第一類電信事業必須負擔某種程度之義務，其他則為一般二類，採簡單許可制，權利、義務與管制程度皆很低。

　　舉例而言，中華電信、遠傳、台哥大等電信公司就是第一類電信公司，而像 Seednet 這種公司就是第二類電信公司，無法自建傳輸線路，在取得第二類電信執照後就可在各地設置路由器（Router），再向第一類電信公司租用數據專線，如此就可以把它的路由器連成一個網路，再將網路連上 Internet（連上 Internet，尤其是連到國外，可能需付費），就可成為一個網路服務提供者（ISP），提供上網服務。此外，如果用戶家裡要使用 ADSL 等設備連上 ISP 的話，還要有一條 ADSL 線路，就是上網線，由於必

須用到用戶迴路上的 ADSL 設備，這是屬於第一類電信的業務，用戶必須另外付電路費給提供 ADSL 設備的市內網路業者（國內絕大部分是中華電信），這就是為何 ADSL 的月租費有網路費（付給 ISP）及電路費（付給 ADSL 線路提供者）之緣故。

8.3 電信市場之逐步開放

因應先進國家電信自由化之**趨勢**，如表 8-1 與圖 8-1，政府於 1987 年開始進行終端設備的自由化，也就是用戶可以使用自備的經過驗證合格的終端設備（電話機及傳真機等），然後是電路使用自由化，於 1989 年放寬國內出租數據電路共同使用之限制並且開放非屬基本電信服務之加值網路業務，1994 年至 2000 年間陸續開放各種電信業務之經營：1994 年首先開放數位式低功率無線電話（CT-2）業務，1996 年通過電信三法，電信事業之管理與經營分離後，自由化才真正展開。

隨後於 1997 年開放行動電話、無線電叫人、行動數據與中繼式無線電話等四項行動通信業務，2000 年開放固定通信業務，並歸納前幾年開放各項電信業務之經驗修改電信法納入較為周延的公平競爭機制，電信自由化的法規制訂方大致完備。可惜的是，固網業務尚未能打破一家獨大的局面。

其後政府又相繼開放國際海纜、語音單純轉售（ISR）、網路電話（VoIP）、第三代（3G）行動通信業務、虛擬行動網路業務（MVNO）、無線寬頻接取等業務，目前我國電信市場可謂是完全開放競爭之局面。

表 8-1　電信業務開放三步驟

開放年度	開放項目	意　義
1987	用戶終端設備自由化	用戶可以使用自備的驗證合格的終端設備
1989	電路使用自由化	放寬國內出租數據電路共同使用之限制並且開放非屬基本電信服務之加值網路業務
1994-2000	電信業務經營之自由化	電信業務開放民營

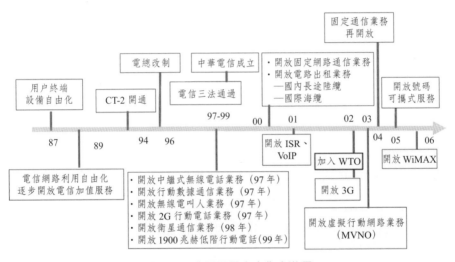

圖 8-1　我國電信自由化之進程

（資料來源：國家傳播通訊委員會）

8.4 我國電信法主要精神

　　電信法以及附屬法規相當複雜，而且法規文字詰屈聱牙，一般人難以透過重重迷霧瞭解其精髓，尤其是彼此競爭的電信公司各持立場彼此攻訐，一般人更是無所適從，常被立場偏頗的電信公司所誤導。由於電信市場由管制與獨佔改成開放自由競爭，維護公平競爭秩序就成了電信法中最主要內容之一。本章就其中重要議題稍做闡釋。

8.4 ① 維護公平競爭秩序之責任

公平交易法是確保業者與業者之間的公平競爭，進而因公平競爭而為消費者帶來最大利益，譬如說如果有業者惡性降價或聯合行為，以對市場作不公平的銷售或交易，影響消費者權益，則受公平交易法管制。2011 年數家牛奶廠商同步漲價而且漲價幅度一致，就有聯合壟斷之嫌，因此遭公平交易委員會開罰數千萬元。

有了公平交易法，為何還要電信法來確保公平競爭？公平交易法主要是針對所有行業一般性的規範，而且是以事後管制為主，對於各行業特別情況之管制還是由各行業的特別法去管制才能切中要點，電信事業因為從獨占走向競爭，從業者取得執照開始即有特別之事前管制，並由特別之機關（原為交通部電信總局，現為NCC）來負責確保市場公平競爭，因此電信法負有維護電信市場公平競爭秩序之責任。

8.4 ② 不對稱管制

面對中華這麼大的既有業者，而且電信網路市場有大者恆大的特性，新進民營業者無論在財力與初始規模上均遠遠不及既有業者，單憑先進的技術與靈活的企業管理很難對既有業者形成實質的競爭，因此在開放初期，政府要必要採取適當措施扶植新進業者才能促進真正的競爭，所以就採用**不對稱管制**，簡而言之就是「捉大放小」，主要管制「**市場主導者**」，給予較多的限制，然後讓新進業者有逐漸成長的空間，等到壯大後才可以與市場主導者平起平坐，進行真正的競爭（註：電信法對市場主導者的定義是──控制關鍵基本電信設施或對市場價格有主導力量，或其市內、長途或國際網路業務之用戶數或營業額達該業務市場之百分之二十五以上，並經交 NCC 公告之經營者。根據這個定義，我國目前的固定網路通訊以及開放初期的行動通訊主導者是中華電信）。

例如就價錢上之不對稱管制而言，政府只要管制中華電信的價

格，而幾乎可以忽略其他業者的價格，因為其他業者會以市場主導者之價格為指標。這樣亦可以減少政府的監理成本。

　　當年行動電話的開放後，民營業者之建設與開台的速度都很快，就是拜不對稱管制政策之賜，當新進行動電話公司建好基地台之後，基地台後面還需要有傳輸線連接到交換機，然後再介接到其他網路，這些業者當時並沒有執照可建設這些線路，只能向中華電信租用，但中華電信當時並沒有足夠線路，尤其當基地台是建在山頂或偏遠地區時更不可能備有專線，而中華電信根本沒有動機去積極打破層層關卡加速鋪設所需電路來協助其競爭對手，如果政府放任不管，民營業者的開台將遙遙無期，因此就透過政治力量施壓讓中華電信去積極建設這些線路，才讓新進行動業者得以迅速開台，這也是基於不對稱管制所做的政策決定。

8.4 ③ 交叉補貼之防制──避免挖東牆補西牆

　　電信法規定第一類電信事業應依其所經營業務項目，建立分別計算盈虧之會計制度，並不得有妨礙公平競爭之交叉補貼。**交叉補貼**是同一業者經營兩種以上電信業務時，一個業務虧損而拿其他賺錢的業務來補貼，從而讓虧損的業務不必努力改善經營效率即可在市場上與其他業者競爭，所以交叉補貼可能會妨礙市場公平競爭。

　　例如，當行動通訊業務開放之初期，固定網路通訊還沒有開放，是由中華電信獨佔的，假設沒有管制中華電信的價格時，就可能產生不公平競爭。假如中華電信的行動通訊業務效率不好技術不好，無法跟其他業者競爭時，就可以採取降價的手段，反正固網這邊可以任意漲價而大賺錢來補貼行動通訊業務的虧損，甚至可以將行動電話訂定破壞性價格，讓其他業者難以與其競爭而倒閉，最後還是回歸獨占情況，這樣就無法造成行動通訊市場的公平競爭，消費者就會被任意剝削，所以要透過禁止妨礙公平競爭之交叉補貼來杜絕這類的情事發生。

　　至於如何確保業者沒有交叉補貼？實務上確實不容易，因為嚴格來說法律無法禁止商人虧本經營業務。為此，電信法有兩項重要措施因應：首先，要求第一類電信事業應依其所經營業務項目，建立分別計算盈虧之會計制度，主管機關並且訂定會計分離制度、會計處理之方法、程序與原則、會計之監督與管理及其他應遵行事項之會計準則供業者遵循。而防止上述弊端的第二項重要措施為：管制市場主導者之價格，防止任意漲價或訂定破壞性價格擾亂市場秩序。如此，市場主導者如果惡意虧本經營某項業務進行惡性競爭時，不能在打垮對手後將價格補漲回來獲利，如此可以遏止此種惡性競爭的手段。

　　第一類電信事業會計作業制度與處理原則除作為交叉補貼之防制外，也作為其它如普及服務、網路互連及價格管制等監理措施成本計算之重要依據。

8.4 ④ 價格管制──價格調整上限管制法

　　電信費率直接影響業者營收與消費者權益，在自由化前我國是採用投資報酬率法（Rate of Return），也就是依成本加上合理利潤百分比來定價，這樣會造成「成本越高，利潤越高」之情況，如此，業者不會有改善效率的動機。

　　自由化後，價格管制改為價格調整上限管制法（Price-Cap），即資費調整百分比，不得超過上年度消費者物價指數上漲率，減掉（或加上）一個調整性百分比（X），主管機關參考通貨膨脹及業者改善效率因素，管理價格調整的幅度，而非直接以成本計算合理價格，如此僅管制價格上限而不管成本高低，業者就有動機積極提升效率降低成本以獲取利潤。此外，如前節所述，此種價格管制也有助於交叉補貼之防制。

　　為降低逐一審查價格調整之行政成本與尊重市場機制，目前只有市場主導者的資費需事先報主管機關審查，其他業者只需報備即

可。因為市場主導者價格通常是其他業者之指標，在價格上限管制機制下，可以促使主導者積極改善效率，進而帶動整體電信市場價格之下降。

8.4 ⑤ 普及服務

　　現代化國家必須保障每位國民皆可依合理價格公平獲得一定品質之基本電信服務，此稱普及服務（**Universal Service**）。譬如大家比較熟悉的公路客運業務就有普及服務，鄉下偏遠地區客源不多，經營票價便宜的客運業務必定虧錢。（偏遠地區的客運班車常有間隔一兩個小時才有一班車的情形，而每班車可能只有寥寥無幾的乘客，甚至裡面還有半價或免費的銀髮族乘客），客運公司多半不會主動經營這種虧錢路線的，所以政府在發放客運執照時，將冷門路線搭配熱門路線，要求業者經營虧損的冷門路線，才能確保偏遠地區民眾的權益。

　　電信業務也實施普及服務，開放前只有電信總局獨占經營的時候，無論鄉下或是都會地區，在普及服務政策下，電信總局都必須去建設網路，並提供無差別的費率，不能因線路的長短而有費率之區別。此外，很多公共場所都不計盈虧的設置公共電話，就是在普及服務下所提供之公益服務設施。

　　當電信市場開放民營參與競爭之後，不能要求已經民營化的中華電信單獨負擔普及服務，必須由所有業者共同承擔此項義務。因此電信法規定，為保障國民基本通信權益，主管機關得依不同地區及不同服務項目指定第一類電信事業提供電信普及服務。（目前包括不經濟公用電話服務、不經濟地區電話服務、緊急電話服務、不經濟地區數據通信接取服務及以優惠資費提供中小學校、公立圖書館數據通信接取服務）。而電信普及服務，係指全體國民，得按合理價格公平享有一定品質之必要電信服務。此外並成立電信事業普及服務基金來支付普及服務所造成的虧損。

　　普及服務基金是由電信業者依營收比例共同出資成立用以補貼提供普及服務之業者，這個基金是設置於主管機關下之虛擬基金，由業者先提報計畫建設或提供服務後，計算這些建設與服務所衍生的虧損及必要之管理費用，由主管機關公告指定之電信事業（目前為第一類電信事業與部分特殊第二類電信事業）依規定分攤並繳交至這個基金，這個基金就馬上撥付給普及服務提供者。所以這個基金並未擁有實際資金，以簡化繁瑣的基金管理事務。

8.4 ⑥ 編碼計畫

　　我國的電信編碼是遵循國際電信聯合會（ITU）之 E.164 規範所制訂，如圖 8-2 所示，一般的市內電話是由交換機號碼加上國內長途區域的號碼（例如我國是 02、03、04 一直到 07），前面那個 0 嚴格說起來，在 E.164 標準中它不算在區域碼（Area Code）中，所以，如果從國外打電話到台灣時，依照 E.164 標準，前面那個 0 要拿掉。

　　其他國家的編碼方式，可能大不相同，例如美國的區域號碼就完全符合 E.164 規範，由他國撥打電話進美國時，不需將區域號碼中的任一數字拿掉，但在美國國內撥打長途電話時，必須先撥一個「1」，才能輸入對方的電話號碼。有需要周遊列國的國際人士常常為了各地區撥打電話的不同習慣而吃盡苦頭，尤其是利用五花八門各種不同的國際電話卡時，更是極度困難。設想一個旅人在異國的深夜辛苦的辨認公共電話上以及手上的電話卡的撥號說明，嘗試打電話回家報平安，這真是極大的挑戰。如今，帶著可以上網的手提電腦投宿於有提供網路的旅館或民宿，就可以利用網路電話以低廉的價格撥打全世界大部分地區的電話，對於各地區不同撥號方式帶來的困擾已經獲得解決，不再困擾周遊世界的旅人。

國碼 （CC）	國內長途區域識別碼 （Area Code）	交換機局碼 （Office Code）	用戶號碼 （Subscriber Number）
		本地號碼（Local Number）	
	國內目地碼（National Destination Number）		
	國內（有效）號碼〔National (Significant) Number, N(S) N〕		
國際整體服務數位網路號碼（International ISDN Number）			

圖 8-2　ITUE.164 編碼格式

表 8-2、8-3 及 8-4 是我國的編碼方案（Numbering Plan），第 1 個號碼扮演關鍵角色，所有市內電話的第一碼都是 2 到 9 之間的數字，0 字頭與 1 字頭都是特別的電話號碼。

0 字頭是指國際服務、長途服務、行動服務及智慧型網路服務：例如 02-07 是長途電話接取碼；002 是國際電話接取碼；020 是高費率服務，最有名的是 0204 服務，撥打此類電話要小心；而 070 為網路電話號碼。

1 字頭是特別服務：若是 10 開頭的話，104、105 都是查號台；若是 11 開頭的話，就是緊急電話服務，如 110、119；此外，112 是 GSM 系統規定的緊急電話號碼，若外國人來我們台灣，外國人並不知道台灣的緊急電話號碼，所以會直接打 112，國內各家電信業者再將其轉接到 110 或 119。

表 8-2　我國編碼之首字頭規畫

首字頭	用　途
0	國際服務、長途服務、行動服務及智慧型網路服務
1	特殊服務
2-9	市話服務

表 8-3　我國 1 字頭編碼之規畫

字頭碼	服務類別	說　明	備　註
10	固網業者共同推出之服務	三碼電話 （如 100、104、105）	
11	緊急電話服務 公眾電話服務	三碼電話 （如 110、117、119）	
12	固網業者各別服務 固網業者維運號碼	碼長不定	
13			保留
14			保留
15			保留
16	緊急電話服務 公眾電話服務	三碼電話 （如 166、167、168）	
17			保留
18	撥號選接服務 接取碼	四碼格式（18XY） 五碼格式（18XYZ）	
19	公眾諮詢 公眾救助 慈善服務	1. 非營利性質 2. 四碼格式 　（如 1950、1995）	

表 8-4　我國 0 字頭編碼之規畫

字頭碼	服務類別	說　明	備　註
000			保留
001	國際服務		備用
002	國際服務	國際電話接取碼	
003~009	國際服務		備用
010	智慧型網路服務	虛擬專用網路服務	
（01）1~9			保留
020	智慧型網路服務	高費率服務	
（02）1			保留

字頭碼	服務類別	說　　明	備　　註
（02）2~9	長途電話服務	1. 大台北地區（八碼區） 2. 市話號碼首碼為 2~9	
030	智慧型網路服務	信用式	
（03）1~2			保留
（033）	長途電話服務	1. 桃園地區（七碼區） 2. 市話號碼首碼為 2~9	
（034）			保留
（035）	長途電話服務	1. 新竹地區（七碼區） 2. 市話號碼首碼為 2~9	
（03）6			保留
（037）	長途電話服務	1. 苗栗地區（七碼區） 2. 市話號碼首碼為 2~9	
（038）	長途電話服務	1. 花蓮地區（七碼區） 2. 市話號碼首碼為 2~9	
（039）	長途電話服務	1. 宜蘭地區（七碼區） 2. 市話號碼首碼為 2~9	
040	智慧型網路服務		備用
（04）1			保留
（04）2~3	長途電話服務	1. 台中地區（八碼區） 2. 市話號碼首碼為 2~3	
（04）4			保留
（045）	長途電話服務	1. 雲林地區（七碼區） 2. 市話號碼首碼為 2~9	
（04）6			保留
（047）	長途電話服務	1. 彰化地區（七碼區） 2. 市話號碼首碼為 2~9	
（04）8			保留
（049）	長途電話服務	1. 南投地區（七碼區） 2. 市話號碼首碼為 2~9	
050	智慧型網路服務	一般費率服務	
（05）1~9			保留
060	智慧型網路服務		備用

字頭碼	服務類別	說　明	備　註
（06）1~4			保留
（065）	長途電話服務	1. 嘉義地區（七碼區） 2. 市話號碼首碼為 2~9	
（066）	長途電話服務	1. 台南地區（七碼區） 2. 市話號碼首碼為 2~9	
（06）7			保留
（068）1~6			保留
（068）7~8	長途電話服務	1. 屏東地區（七碼區） 2. 市話號碼首碼為 7~8	
（068）9	長途電話服務	1. 台東地區（七碼區） 2. 市話號碼首碼為 9	
（069）0~1			保留
（0692）	長途電話服務	金門、烏坵、東南沙	
（0693）	長途電話服務	馬祖	
（069）4~8			保留
（069）9	長途電話服務	1. 澎湖地區（七碼區） 2. 市話號碼首碼為 9	
070	智慧型網路服務		備用
（07）1			保留
（07）2~9	長途電話服務	1. 高雄地區（七碼區） 2. 市話號碼首碼為 9	
080	智慧型網路服務	受話方付費服務	
（08）1~9	行動通信服務		備用
090	智慧型網路服務		備用
（09）1~8	行動通信服務	行動電話、無線電叫人、CT2 等	
099	智慧型網路服務	個人號碼服務	

編碼的掌故之一：555 電話號碼

以前常常發生某用戶的電話號碼湊巧與電影中提到的號碼相

同，而不斷接到好奇者打來的電話，煩不勝煩。後來美國出品的電影中，只要提到電話號碼，其開頭前三碼必定是 555，而電話公司絕對不會將 555 開頭的號碼指派給任何用戶。如此，電影的觀眾如果好奇撥打電影中提到的電話號碼，將會是空號。

編碼的掌故之二：公用電話沒有電話號碼

台灣的公用電話自古以來都沒有電話號碼，所以我們無法將電話打到一個公用電話去，早年行動電話不普遍時，出門在外的人都要準備許多零錢撥打公用電話，在外地讀書的學生常為了零錢而困擾，非常不方便。如果像歐美國家一般可以將電話打到一個公用電話去，將可以省下許多麻煩。當年的國營的電信局採取高額裝機費以籌措資金建設網路，所以不開放公用電話受話的功能，以增加用戶數量。

編碼的掌故之三：詐騙電話

有人接到如此一則簡訊：

「找你好久都找不到，有空回個電話吧！02-0934367」

有人因為回電而接到高達 15,000 元的電話費帳單！這其實是 0209 高費率電話。歹徒故意在 02 和 09 之間加上「-」讓它看起來像是台北的電話，其實這種電話每分鐘收費最高可達 200 元。一般人不熟悉編碼規則，很容易就上當，很多人現在不回電給來路不明的電話，明哲以保身。

8.4 ⑦ 平等接取──公平選擇業者服務

在固網開放以前，所有的市內電話用戶都是中華電信的客戶，每一個人都習慣使用中華電信的線路與撥號方式去撥打國際電

話（或長途電話），如果固網開放以後還是維持原有的撥號方式，則大部分的用戶都不會改變撥號習慣來改用其他業者所提供的國際與長途電話服務，那所有其他業者絕無法與中華電信競爭，所以必須強制取消原有的撥號方式，強迫用戶改變撥號習慣，並自由的選擇任何一家電信業者來撥打國際電話及長途電話，各家業者也必須配合做到無差別待遇的網路互連，讓使用者使用任何一家業者的網路時感覺不到差異，才能作到公平的競爭。

開放以前，原來中華電信以 002 作為**國際電話接取碼**。用戶撥打國際電話時先撥 002、再撥國碼（如美國是 1；中國大陸是 86）、然後再輸入對方的電話號碼。如果開放後讓中華電信繼續使用 002 作為國際電話接取碼的話，因市內電話用戶主要都是中華電信老客戶，會很自然使用原有撥號方式，如此，其它新業者就很難吸引到國際電話業務，所以 002 這個號碼就不能配給中華電信專用，改用新的接取號碼，以確保平等接取。開放後有四家固網業者可經營國際電話，其編號為分別為 005（亞太寬頻）、006（台灣固網）、007（速博）、009（中華電信）。未來如果有很多國際電信業者時，必須改用其他撥號方式（規劃以 18XY 及 18XYZ 方式作為**業者識別碼**），目前這四家的編碼方法是暫時的簡化方法。

如表 8-5，18XY 及 18XYZ 的撥號方式比較麻煩，例如利用亞太的網路撥到美國的 765-555-1234 時，要撥 18050021765555 1234，利用 1805 選擇亞太的網路，並利用 002 告知亞太要撥國際電話，非常麻煩。為了節省撥號的麻煩，用戶可以設定**指定選接**來節省撥號時間，用戶可預先向所屬市話或行動公司指定選用的長途、國際服務提供者，使用時，可免再撥「業者識別碼」，但若臨時有需要選用其他服務提供者時，可回歸撥打「業者識別碼」的方式即可。

表 8-5　18XY 及 18XYZ 撥號方式

業者識別碼	國際識別冠碼	受話國國家碼	受話國國內有效碼
18XY	002	CC	N（S）N
18XYZ	002	CC	N（S）N

8.4 ⑧ 號碼可攜性服務——換業者不用換號碼

　　如第三章所述，傳統上，市內電話號碼之前三或四碼是交換機的局碼，是與交換機綁在一起的，如果用戶搬到不同交換機所轄的地區或更換服務業者，就必須變更電話號碼。**號碼可攜**服務係指用戶由原電信事業轉換至經營同一業務之其他電信事業時，得保留其原使用電話號碼之服務（簡言之，就是用戶可將電話號碼帶著走，更換電信業者可以保留原號碼），若沒有提供這個功能的話，使用者就沒有意願去變更電信業者，尤其當固定通信業務於西元 2000 年開放時，台灣的市內電話市場已經飽和，幾乎是家家有電話，若沒有號碼可攜功能，新進業者既無法開拓新用戶、又無法吸引既有業者的用戶，幾乎沒有活路可言。

　　如何實施號碼可攜服務？最簡單的是使用一個共用資料庫，而將所有可攜號碼放置於此資料庫，他人要撥打一個可攜號碼的電話時，提供服務的交換機可先到此資料庫查詢受話用戶的所在交換機，就像行動電話的位置管理一樣。此種作法對行動通訊而言，正是順理成章之事，行動網路由於是新建網路，尤其本來就有智慧型網路（Intelligent Network）功能才能存取 HLR 及 VLR 等資料庫，很輕易就可以實現此項服務。然而，開放初期，中華電信的固定網路的交換機未必具備智慧型網路功能，難以採用此種方法，所以先使用**指定轉接**（Call Forwarding）方式去實施號碼可攜服務，一個用戶 A 搬家或換業者時如果希望保留原來號碼，其他用

戶 B 打電話給這個用戶時，B 用戶的所屬交換機並不知道 A 用戶已經換了地方或業者，還是按照 A 用戶原電話號碼中的局碼接到舊的交換機，由那舊交換機利用指定轉接功能轉接到新地方的交換機或其他業者，完成此通電話的連通。如此方式比較浪費網路資源，尤其是當一個用戶搬家好幾次或換了好幾個電信公司時，指定轉接的次數相當多，會浪費更多資源，更麻煩的是：電信公司之間的帳務處理非常麻煩。所以使用共用資料庫的方法是相對較好的，固網在中華電信編列預算升級交換機後，後來也可採用共用資料庫的方法。我國已全面實施號碼可攜服務，各業者間有一個共用號碼資料庫供大家查詢，目前該資料庫放在由 NCC 支持的財團法人電信技術中心代為管理與維護，並由業者共同付費維持營運。

8.4⑨ 網路互連

　　網路互連可說是電信自由化最重要之議題之一，因為各業者網路需能互連，用戶才能互相通訊，尤其新進業者在建構網路初期需仰賴既有業者網路提供服務，才能逐漸擴大網路與市場，惟既有業者通常沒有意願配合網路互連，並會採取各種障礙抗拒互連。各業者之間一面互相競爭，一面必須互相合作讓電話能暢通於所有網路，各家業者莫不絞盡腦汁在網路互連上勾心鬥角，就像兩人三腳競走中的同伴彼此邊走邊架拐子。業者互相角力的第一主戰場就是相關法規的訂定。在訂定網路互連相關法規時，那是硝煙處處，主管機關耗費很大心血才訂下各方所能接受的網路互連管理規則，即使如此，在電信業務開放之後還是爭議不斷。我們將相關法規在下一章詳細說明。

8.4⑩ 瓶頸設施與設施共用

　　電信基礎建設需要到處挖馬路、建基地台、甚至在地下排水溝佈設纜線，不但困難重重，對市容的破壞也是不容忽視。如果每一

家電信業者都到處挖馬路，設置維修用的人孔時，將會是地方政府以及汽機車駕駛人的夢魘。因此電信法規鼓勵各家業者共建基礎設施，例如：建設共用管溝或行動通訊基地台，以加速基礎建設，也減少對路面的破壞。

有些地方，例如橋樑或隧道等重要設施，在建設時若沒有預留管溝給新進電信業者的時候，新進業者將無法鋪設纜線，此稱「**瓶頸設施**」。為此，電信法特別規定瓶頸設施必須強制共用。

這個規定，在近年引發了非常激烈的爭議，新進業者極力爭取將既有業者的用戶迴路訂為瓶頸設施以便爭取用戶，而既有業者極力反對自有資產被「充公」失去競爭優勢，我們將在第 10 章說明。

8.4⑪ 第一類電信事業之外資限制──基礎建設不能任由外國人控制

在電信自由化之前，我國第一類電信事業原是不容許外國人投資，因為電信網路擁有國家稀有資源（如頻率）並涉及國家安全，但隨著電信自由化與中華電信相繼公司化與民營化，以及配合我國加入 WTO 的目標，並為引進外國資金與技術，故開放外人投資，但仍有一定程度的限制。目前，第一類電信事業外國人直接持有之股份總數不得超過百分之四十九，外國人直接及間接持有之股份總數不得超過百分之六十。另第一類電信事業之董事長應具有中華民國國籍。然而第二類電信事業因未擁有基礎網路及國家稀有資源，故完全無限制。

間接外資如何計算？電信法規定依本國法人占第一類電信事業之持股比例乘以外國人占該本國法人之持股或出資額比例計算之。目前只規定算至第一層的間接投資。例如美國 AT&T 如果投資遠傳電信佔 20% 股份，則算直接投資 20%。若 AT&T 先投資遠東紡織佔 20% 股份，遠東紡織再投資遠傳佔 20% 股份，則 AT&T 在遠傳的間接投資計算為 20%*20% = 4%。

參考文獻

1. 交通部電信總局 86 年及 91 年電信自由化白皮書。
2. 通訊傳播委員會網站法規資料：http://www.ncc.gov.tw/chinese/gradation.aspx?site_content_sn=88&is_history=0

練 習 題

1. 我國電信法之立法精神在電信自由化之前後之主要差異為何？

2. 我國第一類與第二類電信事業之主要差異？

3. 我國第一類電信事業營運執照之發放，採用特許制或許可制？

4. 如用 ADSL 上網，月租費包含哪兩項費用？

5. 電信法在防止既有電信業者持續壟斷電信市場之主要政策方針為何？

6. 我國政府對電信事業為何採用不對稱管制？

7. 我國政府對電信事業「市場主導者」之定義為何？

8. 「投資報酬率」與「價格調整上限管制法」有何差異？

9. 我國政府採用何種方式管制電信事業的價格？其主要計算方式為何？

10. 電信事業之普及服務主要精神為何？試舉二種普及服務之例。

11. 我國如何補貼經營電信事業之普及服務所衍生之虧損？

12. 我國電信編碼遵循哪種國際標準？

13. 我國電信編碼中以「1」作為開頭的是哪種號碼？

14. 中華電信原以電話號碼 112 作為障礙申告電話，現在已經改為其他號碼，其主要原因為何？

15. 接到一通電話，其來電號碼是 0212345678，這可能是詐騙電話，判斷之依據何在？

16. 如果在台灣以 18XY 方式打國際電話到美國（國碼為 1）的 212 555
    1234，其撥號方式為何？（假設業者碼為 05，而國際電話識別冠碼
    002）

17. 撥電話時，如果是撥 180500215551234，是什麼意思？

18. 承上題，現行的簡化撥號方式為何？

19. 基於何種原因，我國政府拒絕指配 002 給中華電信作為國際電話接
    取碼？

20. 我國實施號碼可攜制度的必要原因何在？

21. 實施號碼可攜制度的兩種技術為何？何者的成本較低？

22. 舉例說明電信事業的瓶頸設施，請說明瓶頸設施共用之必要性。

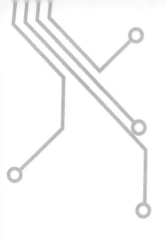

第 9 章

網路互連

9.1　簡介

9.2　網路互連原則與重要議題

9.3　介接點設置

9.4　互連技術標準之遵循原則

9.5　網路互連費用之分攤

9.6　通信費處理

9.7　行動電話節費器的率機

9.8　固網電話撥打行動電話訂價權「回歸」發話端

　　　練習題

網路互連

9.1 簡介

　　第一類電信網路之間的互連可說是電信自由化最重要之議題，因為各業者網路需能互連，用戶才能互相通訊，而新進業者在建構網路初期需仰賴既有業者網路提供網路互連，才能吸引用戶（如果台灣大哥大剛開台時其用戶無法撥打中華電信的電話號碼時，有人願意使用台灣大哥大的行動電話嗎？），惟既有業者通常沒有意願配合網路互連，並可能會採取各種障礙抗拒互連。網路互連牽涉到互連架構、電信法規、商業競爭與技術協定等各種問題，非常複雜，引起的爭議也很大。網路互連的架構，已經在第三章說明，本章以法規說明為主。

　　我國目前經營固網業務的四家公司，以及三家主要的行動電話公司都是全區的，彼此的業務範圍完全重疊，彼此之間是競爭者，難以真心的互相合作，導致網路互連困難重重。開放前獨佔電信市場的既有業者，自然毫無意願主動與其他業者進行網路互連。如果讓既有業者自由選擇，一定選擇拒絕互連，導致所有新進業者經營困難，因此電信法強迫第一類電信業者之間不能拒絕網路互連之要求。但即使是強迫互連，既有業者也可以在很多地方建立互連障礙，譬如以設備或系統不相容之故推拖互連的要求，或甚至提高互連費用以打擊其他業者。因此，電信法在第一類電信網路互連上著墨很深。（第二類電信網路之間並無強制互連之規定）。

　　我們以圖 9-1 這個撥打國際電話之連線為例來具體說明，假設中華電信之高雄市內電話用戶以 005 撥打一通國際電話，中華電信市內網路交換機（LEC CO）看到 005，認定這是要利用亞太電信網路的一通國際電話，就將這通電話經由 POI 轉到亞太電信

的網路，亞太電信接手後，利用其長途網路送到它的國際電話閘道器，經過它自己的海底電纜（可能是租或買的），接到美國之某個國際業者（假設是 AT&T），再將其連接到其市內網路業者之 POP，再接到美國之用戶，整段連線使用了四家業者的網路（兩個市內網路 LEC、兩個國際網路 IXC）。四家業者之間有三個互連之處。美國國內自有美國法規規範，而兩國之間的互連則遵循 WTO 的規範由兩邊的 IXC 以商業談判方式簽訂互連協議。而我國境內的網路互連則由我國電信法規範。在目前的法規規範下，電話費用營收如何分配？首先，我國是發話者付費，所以撥打這通電話的用戶要支付這通電話的費用，由台灣的 LEC（中華電信）代為收帳，但收到的費用屬於台灣 IXC（亞太），而亞太不論是否收到這筆費用，必須以成本計價付接續費給台灣 LEC，亦須付接續費給美方 IXC，美方 IXC 付接續費給美方 LEC。

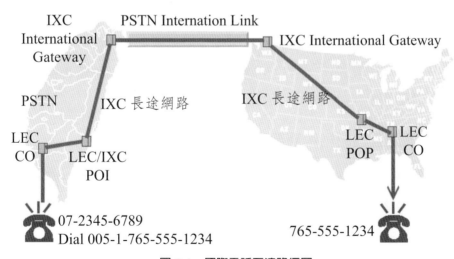

圖 9-1　國際電話互連路徑圖

營收歸 IXC 所有，價格應該也是由 IXC 決定，通話費是

LEC 代收的，但是收帳責任是 IXC 的（註：此處所說明的收帳責任僅以固網接固網爲限，固網接行動網路的規則是不同的）。假設這筆通話費是 100 元，總成本是 90 元，而利潤是 10 元，那這 10 元利潤是落到誰的手中？因爲定價權與營收是屬於 IXC，而接續費都是以成本計價，所以利潤由 IXC 獨享。因爲 IXC 掌控定價權，除了要支付美國業者的接續費之外，還要負擔國際海纜的費用，所付出的資源最多，而 LEC 在此通電話上所付出的資源只不過是用戶迴路部分，可能只有區區一兩公里，與 IXC 的幾千公里網路，遠遠不能相比，因此將定價權與營收賦予 IXC 算是合理的。反之，如果將營收與定價權交給 LEC，在這個例子當中，LEC 付出數元的成本卻可獲得 10 元之利潤，就顯得不太合理。

行動電話的網路互連也是類似的，但有些微差異，導致爭議不斷，本章將詳細討論。美國的行動電話是採用雙方付費制，就是撥打電話和接收電話都要收費，各有定價，各有各的收費方法，較少接續費的爭議。但台灣的行動電話是發話者付費，營收分配如果有不公平之處（偏向發話方或收話方），因爲三家行動電話規模類似，各家業者彼此互相吃虧與佔便宜，盈虧相抵，也就相安無事。可是行動電話跟固網之間的互連，因規模不同，盈虧嚴重失衡，以致爭議連連。

9.2 網路互連原則與重要議題

網路互連的重要議題有：介接點設置、各項費用之分攤與計費、通信費處理、爭議處理等數項。而「第一類電信事業網路互連管理辦法」之制訂遵循三項基本原則：

1. 強制義務

除非技術不具可行性，或有危害電信設備安全之虞，第一類電信事業相互間，有一方要求直接或間接與他方之網路互連時，他方

不得拒絕。

2. 符合經濟、技術及行政效率

　　網路互連的接續費雖然以成本計算，但互連雙方設備新舊不同或營運效率不同而有成本之差異，要以何方的成本作為接續費的計算基準？尤其是當有一方有肥貓式的人事成本與成本高昂的老舊機器時，雙方的接續成本差距將很大，接續費的談判將是一個很大的挑戰，因為成本高的一方絕不願以低於成本的價格收取接續費，更可藉此拖延互連的談判。為了破除這種情況，電信法硬性規定，並不以實際成本計算接續費，而是以業界的最先進技術與管理成本計算。如此，方能促成網路互連的達成，並可促進所有業者積極追求技術與管理的進步。

3. 無差別待遇

　　第一類電信事業提供其本身、關係企業或其他電信事業之網路互連服務，其價格、品質及其他互連條件，應符合公平合理原則，且不得為差別待遇。

間接互連的爭議故事

　　由於間接互連也是強制義務，就曾有不肖業者利用間接互連的漏洞獲取了不當利益。有 A、B、C 三家業者，其中 C 是行動電話業者，而 A 透過 B 間接互連到 C。當 A 業者的用戶撥打 C 業者的行動電話用戶時，A 業者向發話用戶收取通信費後，應付接續費交給 C 業者，（如 A 業者是固網，則需將營收交給 C 業者），但在接續電話時，A 業者故意將該通電話的電話號碼（Caller ID）隱藏起來，以致 C 業者無法得知該通電話是屬於哪一家的用戶，而 B 業者作為中間轉接者，理應知道該通電話是從 A 業者網路接過來的，但相關法規卻未課以中轉業者此項義務，因此 B 業者堅

持不透露 A 業者之身份,而且因爲互連法規的約束,B 業者無法拒絕擔任中轉角色,C 業者也不能拒絕連通此類電話,導致 C 業者無法追討通信費用,只得上法院對簿公堂解決爭議。後來,政府修改了互連法規,讓業者可以拒絕連接沒有攜帶電話號碼的連接請求,才杜絕了這個漏洞。

9.3 介接點設置

網路互連的介接點(POI)設置數量與地點等因素對互連的方便與成本都有重大影響,爲了防止有任一業者在設置介接點上設置障礙而特地做了如此規定:「第一類電信事業市場主導者提供網路互連服務時,應於任一技術可行點設置網路介接點」,而可行的介接點包括:

1. 市內交換機
2. 市內彙接交換機(Tandem Switch,串連交換機)
3. 長途交換機
4. 國際交換機
5. 專用彙接交換機
6. 信號轉送點(指轉送局間信號及信息之網路節點)
7. 交換中心之交接點
8. 其他已有前例之網路介接點

此外,關於介接點之建設、品質、容量、維修責任分界點與費用等亦有下列相關規定:

1. 介接雙方應有明確之責任分界點,並設置隔離雙方電信設備之責任分界設備或適當措施。
2. 網路介接點之設備容量應足以完成良好之通信品質及通信流量。
3. 網路互連之各電信事業應負責維護其網路端至網路介接點

部分之鏈路。

4. 依雙方之協議決定網路互連相關設備之設置、維修、場所及相關費用。

介接點的爭議故事

當行動電話開放時，因為沒有網路互連的經驗，以致互連法規的制訂相當簡陋，對於介接點的設置並無細密規定，當時的市場主導者沒有積極配合的意願，在開放介接點時，拖三阻四，開放的數量也不足，即使開放了，鏈路頻寬也不一定夠寬。所以後來修訂法規時，特地明列各種可行的介接點，以防止市場主導者建立障礙。

可是，市場主導者處於各地可行的介接點數量遠超過其他業者的可行介接點，當市場主導者開放大量的介接點並反過來要求其他業者進行網路互連時，其他業者也不得拒絕，電信法規對雙方都有約束力，於是其他業者也是叫苦連天。如果一家業者只有三個交換機，對它而言，設置三個介接點是最為有利的，但中華電信有數千個可行的介接點，如要設置數千個介接點強迫其他業者網路互連時，其他業者要負擔的介接費用將大幅增加。主管機關面對此種情況，應如何處理？

9.4 互連技術標準之遵循原則

介面及訊務資料（包括信號、傳輸、同步及訊務量或其他必要之訊務資料）之交換應遵循某一標準，當標準有衝突時，其優先順序為：

1. NCC（原電信總局）所定技術規範
2. 國家標準
3. 國際標準
4. 既有電信系統之互連條件

無前項依據可資遵循時，得由各業者協商辦理。

訂定優先次序的原因在於當不同位階的標準互有衝突時，有一個可以遵循的依據。在一般人的常識中，國際標準的位階應高於國家標準，而國家標準應高於 NCC 標準才對，為何顛倒過來？其實，這是很大的誤解，對於接受法律管轄的一般人，國家所訂法律的位階其實高於國際法。國家可以把觸犯法律的人繩之以法，但國際法可沒有此種權力。否則對於索馬利亞海盜，聯合國只需下令索國消滅海盜即可，何需由各國出動武力保護各國船艦？此外，還有一個重要原因：所謂的國際標準，除了大家公認的 ITU 之外，還有 IEEE、IETF 等很多組織也在制訂各種標準。這些標準如果互相衝突，如何解決？最有名的實例就是電腦網路的 ISO 標準，其中第三層與第四層的協定從來沒有被大家遵行過，反而是 TCP/IP 主導了全球網路，最後才被 IETF 納入作為標準。所以如果將國際標準列為最高階是有實際的困難。實務上，如果有多個國際標準而無所適從，由 NCC 選擇一個適當的國際標準作為國家標準，問題就迎刃而解，例如，開放第二代行動電話時，當時的電信總局就統一指定 GSM 作為標準。

要將一個通訊協定訂為國際標準或國家標準，並非易事，一般而言，總是先有業界的「流行標準」（de facto standard）或者某些團體經過冗長的過程共同制訂，等技術規範穩定周延之後才可能訂為國家標準，而制訂國家標準的程序更是冗長，緩不濟急，因此，主管機關 NCC 可以先行頒佈 NCC 標準供業界遵循，等到國家標準定下來之後，再廢除即可。再說，很多爭議較小較不重要的協定，也沒有必要大費周章制訂國家標準，由 NCC 制訂即可。

9.5 網路互連費用之分攤

建立網路互連時，需要機房、鏈路、軟體及資料庫設定等等作業，當然會有相關費用衍生，還有每一通電話衍生的營收與接續費

用羅列於下：

1. 網路互連建立費：第一類電信事業間為建立網路互連所產生之一次成本支出。

2. 接續費：網路互連時依使用網路通信時間計算之費用。

3. 鏈路費或其他設備租金：租用鏈路或其他設備，以建構網路互連電路之費用。

4. 其他輔助費：為提供其他服務所應收取之費用。

這些費用除接續費應由通信費歸屬之一方負擔外，其他費用應由因要求互連造成他方成本增加之一方負擔。如此規定原則上還算合理，但是在鏈路費用上卻有些爭議：鏈路雖然不是通信費用，但因為行動電話開放之初，各家民營業者並無權力鋪設鏈路，只能向中華電信租用，每月需付龐大租金給中華電信，而這些鏈路承擔的話務，有一部份的營收屬於中華電信（由中華電信的行動電話打向其他業者的行動電話），其餘營收，包括由中華電信固網打向其他行動電話公司的行動通信費用，則屬於其他業者，前者的話務等於是民營業者向中華電信租用鏈路、供中華電信賺錢，造成不公平現象。後來在訂定固網的互連管理辦法時，就改為共同負擔。每一條互連鏈路由兩個互相相反的單向鏈路組成，雙方各負責建置一條，由發話端的業者根據發話量建置所需的單向鏈路，如此方為公平（註：當固網與行動電話互連時，卻無法如此劃分，因為發話端即使是固網，其營收也是屬於收話端的，所以去回雙方都是由行動業者建置。）

9.6 通信費處理

爭議最大的部分是關乎每年數千億的通信費處理，法規定訂如有任何偏袒，都可能導致非常不公平的競爭，即使法規定得不偏不倚，各家業者也是使出混身解數試圖影響法律的天平。互連通信費處理有四大重點：俗稱定價權的營收歸屬、接續費、收帳及呆帳責

任。定價權和營收歸屬必須屬於同一業者，不能分屬不同業者，例如，如果有一中華電信的市內電話用戶撥打 005 的國際電話，這通電話是由亞太電信定價，營收亦屬於亞太電信，而不是發話端業者—中華電信，在 2011 年之前，我國的網路互連管理辦法在制訂定價權歸屬時，並非指定給發話端，而是根據網路層級而定（層級是國際網路 > 行動網路 > 長途網路 > 市內網路），主要原則如下：

1. 不同層級網路互連時，高層級網路擁有定價權。
2. 當同級網路互連時，發話端網路擁有定價權。
3. 負收帳責任者負有解決呆帳之責任。
4. 除固網與行動網路互連之外，擁有定價權的業者，負收帳責任。
5. 當固網與行動網路互連時，發話端負收帳責任。

其詳細規定如下：

(一)行動通信網路間相互通信時，其通信費由發信端電信事業訂價並由其向發信端用戶收取，通信費歸屬發信端電信事業，呆帳由發信端電信事業負責，發信端電信事業不得因呆帳之發生而免除其支付受信端電信事業相關費用之責任。

(二)固定通信網路間相互通信時，其通信費之處理應依下列原則辦理：

　　1. 市內通信網路間相互通信時，其通信費由發信端電信事業訂價並向發信端用戶收取，通信費營收歸屬於發信端電信事業。

　　2. 市內網路業務用戶之長途發信及受信，通信費由經營長途通信之電信事業訂價並向選用其網路之用戶收取。通信費營收歸屬經營長途通信之電信事業。

　　3. 市內網路業務用戶之國際發信及受信，通信費由經營國際通信之電信事業訂價並向選用其網路之用戶收取。通信費營收歸屬經營國際通信之電信事業。

4. 呆帳由通信費營收歸屬之電信事業負責，通信費營收歸屬之電信事業不得因呆帳之發生而免除其支付其他第一類電信事業相關費用之責任。

(三)行動通信網路與固定通信網路間之通信，除國際通信外，其通信費之處理，應依下列原則辦理：

1. 通信費由發信端電信事業依行動通信網路事業之訂價向發信端用戶收取，通信費營收歸屬於行動通信網路事業。

2. 呆帳由發信端電信事業負責，發信端電信事業不得因呆帳之發生而免除其支付受信端電信事業相關費用之責任。

(四)使用行動通信網路作國際通信時，其通信費之處理，除法規另有規定者外，依下列原則辦理：

1. 國際通信費由行動通信網路事業按經營國際通信之第一類電信事業訂價向發信端用戶收取。國際通信費營收歸屬於經營國際通信之第一類電信事業。行動通信網路事業得按經核定之費用，對其用戶另行加收費用。

2. 行動通信網路用戶之國際發信及受信，經營國際通信之第一類電信事業應支付行動通信網路事業之費用，由雙方業者協商訂定之。

3. 呆帳由發信端電信事業負責，發信端電信事業不得因呆帳之發生而免除其支付受信端電信事業相關費用之責任。

　　接續費就是營收歸屬者要付給其他互連業者之費用，現行規定是採用成本導向及公平合理原則，且不得為差別待遇，並由業者間協商為原則，但如何計算成本也是大問題，所以各業者在協商時會斤斤計較，為各自的公司爭取最大利益。

　　前述各類型收帳及呆帳責任，固網部分的法規訂得比較合理，營收歸屬者要負責收帳並負呆帳責任，以 9.1 節中某一用戶撥打 005 國際電話的例子而言，收帳責任在亞太電信，但因亞太電信並未直接面對用戶，並無其帳戶，無法收帳，因此必須委託中

華電信代收，亞太電信除支付接續費之外，再額外支付收帳手續費予中華電信。但行動電話與固網市內電話之間的法規就訂得不太合理，因為不管哪一端發話，訂價權與營收都屬於行動業者，當發話端是固網端時，固網業者不但要負責收帳交給受話端的行動業者，當用戶賴帳時，固網業者還須負責呆帳，所以固網業者吃了很大的虧。舉例而言，假設某一個固網電話公司的用戶撥打一通電話到另一個行動電話公司的用戶，假設通話費 100 元而固網端的成本為 5 元，行動端成本是 60 元，利潤為 35 元，行動業者收取這 100 元的通話費、付 5 元接續費給固網業者，獨享 35 元利潤，而中華電信只收到 5 元成本價（很可能不敷成本，見 9.1 節），並未賺到利潤，卻須負責 100 元之呆帳之風險，不盡公平。行動電話開放初期，業者與制訂法規的政府單位都缺乏經驗，因此法規的制訂較為簡陋，再者，當時要扶植民營行動業者，所以法規天平較傾向民營行動電話業者。多年來，中華電信也在積極爭取取消階層式的定價權歸屬架構，將定價權一律歸屬於發話端，而其他業者當然極力阻擋。但角力結果，NCC 已經通過自 2011 年開始以五年為期逐步將定價權「回歸」到發話端。

業者間網路互連還有許多協議要訂定，如介接點位置、共用機房之費用分擔，為建構網路互連之電路租用鏈路或其他設備等費用等，因為這些都會牽涉到很多利益，故網路互連協議，至少應包含下列事項：

(一)網路互連之雙方業務種類。

(二)網路互連傳輸鏈路提供者。

(三)網路介接點接續原則及服務品質規定。

(四)網路互連之介面規範及其他相關規定。

(五)雙方網路規劃。

(六)網路互連費用。

(七)接續費之計算方式、鏈路費及轉接接續費、帳務處理、帳

務處理費用之分攤、帳務之核對及錯帳之更正以及其他攤帳有關事項。

(八)用戶通信費之收取。

(九)爭議處理程序。

(十)協議書內容增修、終止等有關事項。

(十一)有關資料保密及雙方免責範圍之事項。

(十二)如有共用場所者，與場所共用有關之事項。

基本上先由業者自行協商，並將最後協議書報 NCC 備查，若不能於三個月內達成協議時，任一方得檢具申請書向 NCC 申請裁決。

9.7　行動電話節費器的玄機

市面上有某些電信公司打出廣告販售行動電話節費器，而使用者也真的可以省下一些電話費，其奧妙何在？除非擁有定價權的業者願意主動降價，否則技術上並無可能達節費效果，其作法之一是由販售節費器的業者向行動電話公司批發通話時間，然後再折價零售給消費者。此外，另有其他旁門左道的作法：販售節費器的業者施展乾坤大挪移戲法截留通話費的利潤，並與使用者分享，因此得以收取較低的通話費。這個方法所牽涉到的關鍵法規有二：一是通話費的利潤是由擁有定價權（營收歸屬）的業者獨享，二是當固網的市內電話撥打行動電話時，其定價權是受話方擁有。節費器設法將固網打行動的電話偽裝成行動打行動的電話，就可以替發話端的固網業者爭取到定價權將利潤截取過來。其作法有二：一是固網直接將連接到受話方的**來電號碼**（Caller ID）竄改成一個行動電話號碼，二是讓節費器將用戶所撥電話連到一個行動電話業者的網路上，再竄改 Caller ID，並轉接到目的端的行動電話網路上，如此，也可以攔截定價權將利潤截取過來。節費業者再將所截留的利潤回饋給發話用戶，降低通話費。

9.8 固網電話撥打行動電話定價權「回歸」發話端

　　自 2011 年 1 月 1 日起市內電話用戶撥打行動通信網路之通信費，由發信端電信事業訂價及取得通信費。並自同日起，第一類電信事業市內網路業務市場主導者市內電話用戶撥打行動通信網路時，該市場主導者應支付行動通信網路業務經營者之費用，除按每分鐘計算之接續費以外，另須按每分鐘支付過渡期費。過渡期費計算以現行行動通信網路業務經營者中所拆得收入之最低者減去現行行動通信網路業務接續費為起始值，至 2016 年 12 月 31 日止，逐年按比例遞減至零。

練 習 題

1. 如果一個中華電信的客戶以 005 的國際接取碼撥打一通美國的電話，中間至少經過幾個電信公司的網路？請說明所有提供服務公司的性質（如：LEC、IXC 等）。

2. 我國第一類電信事業網路互連管理辦法，遵循哪三項基本原則？

3. 請舉出三種可供網路互連的介接點設備名稱。

4. 我國第一類電信事業間網路互連時所遵循的技術標準如有衝突時，以哪一個標準最為優先？

5. 我國第一類電信事業間網路互連時所遵循的技術標準如有衝突時，為何國家標準比國際標準更為優先？

6. 我國第一類電信事業網路互連管理辦法中，通信費之歸屬有哪五大重點？

7. 我國第一類電信事業網路互連管理辦法中，2011 年前採用何種原則決定通信費之歸屬？

8. 如果一個中華電信的固網客戶打電話到一個遠傳電信的客戶，根據我國第一類電信事業網路互連管理辦法，其通訊費歸屬哪一家公司，如果發話客戶因故不繳費用，其催收呆帳之法定責任是哪一家公司？（2011 之前及之後分述）

9. 同上題，但受話端是國外，經由台灣固網的國際電路。

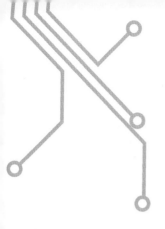

第 10 章

固定通訊業務之開放

10.1　開放政策目標之選擇

10.2　固網開放之過程

10.3　固網開放之成效 —— 理想與現實的落差

練習題

固定通訊業務之開放

電信總局自 1998 年起開始規劃固定通訊業務之開放，修改電信法規，最後於 2000 年發放三張固網執照，其過程是我國電信自由化最重要的里程碑，其開放政策之制訂對我國電信自由化有舉足輕重之影響，我們特地在本章簡單闡述。

10.1 開放政策目標之選擇

開放電信業務首先要確定政策目標。政策目標之選定影響了執照開放的張數、條件與相關競爭環境等配套措施，當時主要有三個目標選項：**降低電信資費、建設台灣成為亞太電信中心**及**鼓勵寬頻網路**。當時網路尚未寬頻化，網路使用者常為網路塞車所苦，而且最後一哩（Last Mile）問題仍未解決，政府面對這些問題，煞費苦心的選擇開放政策，分別考量如下：

如果選擇要**降低電信資費**，那麼就應該就無限制大量發放執照開放電信公司，讓大家去競爭，優勝劣敗，勝者就存活，失敗者就退出市場，這樣去殺價競爭，自然價錢很快就會降低下來，可是如此開放方式未必對是最好的，因為固定網路建設的投資非常大但回收非常慢，殺價競爭會使電信公司只重視短程利益，自然就不會去作長期投資建設，對全體的國民的長期利益，不一定是有利。

如果選擇**建設台灣成為亞太電信中心**的話，開放方式與措施就要對國際業者與國際電信業務有利，不過業者可能偏重國際業務而造成市內電話競爭不足而使得國內電信費用較高，且國內寬頻網路的建設可能會較為不足。

如果選擇**鼓勵寬頻網路建設**，就要限制執照張數，不能開放太多業者進入市場惡性競爭，並須要求業者投資建設中華電信以外之替代網路，形成良性競爭並促成寬頻網路之發展。

　　當時經過各界討論後，希望這三個目標都仍兼顧，但以鼓勵寬頻網路建設為核心目標，以提升全體國民長期利益。

10.2 固網開放之過程

　　為落實前述「鼓勵寬頻網路建設」之核心政策目標，有很多配套措施，首先將固網路執照分成**綜合網路**、**市內網路**、**長途網路**、**國際網路**及**電路出租業務**等五種：

1. **綜合網路執照**：可以經營所有固定通訊業務。
2. **市內網路執照**：只能提供市內通訊經營區之服務（如：市內電話、上網與電路出租業務）。
3. **長途網路執照**：提供跨不同市內通訊經營區之服務（如：長途電話與電路出租業務）。
4. **國際網路執照**：提供國際之服務（如國際電話與電路出租業務）。
5. **電路出租執照**：又分國內陸纜及國際海纜執照兩種，國內陸纜執照通常是由例如中油、台電或台鐵等這些公用事業申請，這些事業擁有路權，因此多有自建的網路，他們可以取得此種執照後將既有線路或可新建之線路租給其他電信公司使用，以有效利用資源，加速寬頻建設。

　　在當時的情境下，市內電話因為利潤較低且建設困難，比較沒人願意經營的，大部份業者都比較喜歡申請國際執照，因為建設容易且利潤高，很簡單且又很賺錢。為了防止此種避重就輕捨難取易的弊病，政府在五種執照中只開放了綜合執照和電路出租執照，因為政策目標是要鼓勵業者建設寬頻網路，開放電路出租執照是希望快速增加骨幹頻寬之供給，而綜合執照是希望新進業者不僅經營高利潤之國際業務，亦須進行市內網路建設提供中華電信以外的替代網路。此外，為排除資金技術不足而期望借執照之獲得來吸金的空頭業者，依預期的網路規模，限定公司最低資本額為四百億，而提

出執照申請時就要有一百億的現金存款證明，並且要繳交四十億的履行保證金，如果獲得執照，須在 6 年內建設 100 萬門市內網路用戶門號之容量以及通訊埠。以上種種規定就是要督促獲得執照的業者建設市內電話網路。

10.3 固網開放之成效——理想與現實的落差

政策目標與配套很理想，但實際的結果遠不如預期。回顧開放當時是在 2000 年前，網路還沒有泡沫化，很多民間資金，看到先前行動電話之成功，預期固網的開放將會開啟另一個機會之窗，都搶著投資，數家籌備申請固網執照的公司就利用所謂的「股條」在黑市資金市場上各自募集了五、六百億元以上的資金。

政府最後於 2000 年開放了三張固網綜合網路執照，但市內網路的建設受到許多地方勢力的干擾而困難重重，所以並沒有建成大規模的替代網路，此外，新業者原期望在國際電話市場上獲得較多利潤以補貼市話網路的虧損，但國際電話在開放競爭之後，失去暴利空間，而且隨著網路電話的興起，國際電話市場被鯨吞蠶食，所以新的固網業者並未在固網業務上獲取多少利潤，其股票價值不但沒有飛漲，反而大幅縮水。

總而言之，固網開放後之實際情況並不如預期，因為要塑造一個公平的競爭環境並不容易。中華電信有幾百萬公里的用戶迴路接到用戶家裡，新進業者難以鋪設同樣龐大的接取網路與中華電信競爭，且我國幾乎是家家有電話，價格也很便宜（每月約 100 元的基本月租費），品質也還不錯，民營業者並無低價爭取客戶的空間，因此用戶並沒有動機去更換業者，更沒動機去申請另一個門號，截至 2008 年底為止，三家新進業者之用戶總數仍佔不到 3% 的固網市場，我國經過了近 10 年的開放，仍無實質的替代網路。其股票價值也因此大減，很多家公司最後都只好辦減資來繼續營

運，造成當時投資者很大的損失。

　　反觀行動電話之開放則截然不同，行動電話在開放民營之前因容量不足導致可供裝的門號數量遠遠不敷所需，有數百萬的潛在用戶在排隊等待行動電話門號，申請一個行動電話門號須等候 2 年之久，基本月租費約 2000 元，通話費每分鐘 10 元以上。只有富人或工作有需求的人才有能力去使用，因此暱稱為「大哥大」。有如此多的潛在客戶，且利潤空間極大，更何況網路建設相對於市內網路容易許多，所以行動電話一開放以後，新進業者成長迅速，很快就佔有很大的市場，至 2008 年底，中華電信由 100% 獨佔滑落到三雄平分天下的局面，此結果與固網之開放大相逕庭。

練 習 題

1.　截至目前為止，為何我國不開放專營國際電信之執照？

索引

2G   058, 109, 116, 117, 147

3G   109, 117, 146, 147

3-Way Calling   080

4G   108, 117

A

A/D (Analog to Digital Conversion)   047, 048, 050

Access Network   066

Active noise cancellation   035, 059

Adjacent Channel Interference   113

ADSL   006, 042, 046, 085, 131, 145, 146, 162

Alexander Graham Bell   007

All-IP 網路   118

AM (Amplitude Modulation)   039, 054, 055, 056, 057, 059, 103, 116, 127

Amateur Radio   110

AMPS (Advanced Mobile Phone System)   116, 127

Anonymous Call Rejection   080

Antitrust Law   144

Antonio Meucci   007

AT&T   007, 066, 070, 084, 088, 089, 144, 161, 167

Auction   109

Availability   081, 140

B

Bandwidth

Baseband   038, 059

Beauty Contest   109

Billing   076

BSC (Base Station Controller)   120, 121, 122, 131, 132

BTS (Base Transceiver Station)   120, 132

Busy Tone   075

C

Cable Modem   085

Call Blocking   080, 125, 133

Call Dropping   125, 133

Call Flow   076, 077, 090

Call Flow Diagram   076, 077

Call Forwarding on Busy   080

Call Forwarding on No Answer   080

Call Forwarding Unconditional   080

Call model   077, 092, 093, 094, 096, 097

Call processing   076, 078, 079, 092, 093, 094, 097, 120

Call Return   080

Call Screening   080

Call Set-up

Call Waiting   075, 076, 078, 080

Call Waiting Tone   075, 078

Caller ID   080, 169, 177

Carrier   038, 067, 068

CDMA (Code Division Multiple Access)   047, 116, 117, 128, 129

cdma2000   117

Claude Shannon

Clock   044, 045

Cluster   118, 119

Coaxial Cable

Co-Channel Interference   113

Coding   036

Common Battery　009

Common Channel Signaling　082, 083

Concentration　084

Constellation Diagram　056

CPE (Customer-Premises Equipment)　006

Crosstalk　014, 033, 058

D

D/A (Digital to Analog Conversion)　047

dB　025, 030, 031, 043, 058, 059

dBm　030, 031, 058

DBS (Direct Broadcasting Satellite)　140

DECT　130

Demodulation　039

Deregulation　144

DGPS (Differential GPS)　140

Dial Tone　074, 075

DID (Direct Inward Dialing)　087

Digit Analysis　076

Doppler Effect　107, 113

Down Link　136

DTMF (Dual Tone Multi Frequency)　073

Duplex　045, 059, 129

E

E.164　145, 152, 153

Echo　033, 035

Echo cancellation　035

Elisha Gray　007

E-Model　033, 058

F

Fast Busy Tone　075

FCC (Federal Communications Commission)　067

FDD (Frequency Division Duplex)　129

FDMA (Frequency Division Multiple Access)　127, 128, 129, 133

Flash　074, 075, 078, 090, 093

FM (Frequency Modulation)　039, 054, 059, 103

Fourier Transform　024, 058

Frequency Division Multiplexing　046, 059

Frequency Hopping　109, 113

Frequency Reuse Factor　119

FSM (Finite State Machine)　077, 079, 094, 095, 097, 099

FSS (Fixed Satellite Service)　140

Full Call　094

Full-Duplex　045, 059, 129

G

GEO (Geostational Orbit)　139

George Antheil　109

GGSN (Gateway GPRS Support Node)　131, 132

Globalstar　141

GPRS　117, 131, 132, 133

GPS (Global Positinging System)　103, 104, 110, 112, 135, 140, 141

GSM　116, 117, 126, 127, 128, 130, 131, 141, 153, 172

Guard Band　106

Guglielmo Marconi　102

H

Half Call　093, 094, 095

Half-Duplex　045, 059

Ham Radio　110

Handoff　124

Hang up

Harry Nyquist   048

Hedy Lamarr   109

Heinrich Rudolf Hertz   102

HLR (Home Location Register)   121, 122, 123,
   132, 133, 159

Hum Noise   015

I

ICO (Intermediate Circular Orbit)   139

IEEE   107, 108, 172

IETF   172

IN (Intelligent Network)   061, 083, 115

In-Band Signaling   083, 090

Iridium   138, 141

ISM Basnd (Industrial, Scientific and Medical Band)
   108

ISP   080, 145, 146

ISR   146, 147

ITU-T   033

IXC (Interexchange Carrier)   067, 068, 070, 089,
   167, 168, 17

J

James Clerk Maxwell   102

L

Last mile   085, 182

LATA (Local Access and Transport Area)   067,
   068, 070, 089

LEC (Local Exchange Carrier)   067, 068, 070, 089,
   166, 167, 168, 178

LEO (Low Earth Orbit)   139

LEX (Local Exchange)   068, 081

Licenced Band   108

LOS (Line of Sight)   103, 112, 120

LTE   117

M

Maxwell Equation   102

Mechanical Telegraph   004

Mobile Station   120

Mobility Management   121, 133

Modeling   092

Modem   006, 056, 085, 131

Modulate   038

Modulation   038, 039, 050, 054, 055, 056

MOS   032, 058

Mouth-to-Ear delay   031

MSC (Mobile Switching Center)   120, 121, 122,
   123, 124, 132, 133

MSS (Mobile Satellite Service)   140

Multi-path Interference   106, 113

Multiplexing   046, 059, 127

MVNO   146, 147

N

NCC   144, 145, 148, 160, 171, 172, 176, 177

Number Portability   082

Nyquist Theorem   049

O

Off Hook   074, 075

On Hook   075

Originating   093, 094, 095, 096, 100

Out-of-Band Signaling   083, 090

P

PACS   130

Parasitic Capacitance　015

PBX (Private Branch Exchange)　061, 087, 088

PCM (Pulse Code Modulation)　050

Personnel Mobility　127

PHS　130, 131

PM (Phase Modulation)　054, 055, 056

PN (Private Network)　087, 088

PoI (Point of Interconnection)　068, 069, 070

PoP (Point of Present)　067, 068, 070

POTS (Plain Old Telephone Service)　078, 094, 095, 096, 097

Price-Cap　150

Propagation delay time　043

Protocol　004, 073, 074

PSTN (Public Switched Telephone Network)　061, 086, 087, 088, 122, 123, 167

Q

QAM (Quadrature Amplitude Modulation)　054, 056, 057

Quantization　047

R

Radio Map Positioning System　112

Rain Fade　106

Rate of Return　150

RBOC (Regional Bell Operating Company)　089, 144

Repeat Dialing　080

Ring Back Tone　075

Ring Current　075

Ring Options　080

Roaming　125, 133

Routing Table　081, 082, 083, 090

RTS (Event Driven Runtime System)　093

S

Sampling　047, 059

SBC　007, 089

Service Mobility　127

SGSN (Serving GPRS Support Node)　131, 132

Shannon Capacity　042, 043, 059

Signaling　072, 073, 074, 082, 083, 090

SIM　127

Simplex　045, 059

SNR　031, 043, 058

Special Dial Tone　075

Spectrum　102, 109, 113, 128

Speed Dial　080

Spread Spectrum Communicaitons

SS7　061, 082, 083, 090, 132

Switching Fabric　072, 073

Synchronization　044

T

T1　087

Tandem Switch　064, 170

Taylor Series　024

TDD (Time Division Duplex)　129

TDMA (Time Division Multiple Access)　116, 128, 129, 133

TDS-CDMA　117

Terminal Mobility　126, 127, 133

Terminating　076, 093, 094, 095, 096, 097

Time Division Multiplexing　046, 059

Transponder　136, 142

Triple Play　019

TTY (Teletypewriter)　005, 006

U

Up Link 136

V

VLR (Viositor Location Register) 121, 122, 123, 132, 133, 159

VoIP 036, 037, 044, 087, 146, 147

VPN (Virtual Private Network) 087, 088

W

Walkie-Talkie 045, 059, 108

Wavelength Division Multiplexing 046

WaveTable 028

WCDMA 117, 128

WiMAX 117, 147

三畫

三方通話 080

三角定位法 104, 111, 140

下鏈 136

上鏈 136

工科醫頻段 108, 113

干涉 103

干擾 013, 014, 015, 017, 018, 019, 020, 022, 033, 034, 037, 038, 054, 058, 071, 085, 101, 104, 105, 106, 107, 108, 109, 113, 118, 119, 132, 137, 140, 184

四畫

不對稱管制 148, 149, 162

中軌衛星 139

中繼式無線電話 146, 147

中繼站 021

互連架構 061, 066, 067, 068, 069, 070, 071, 090, 166

介接點 066, 068, 069, 165, 168, 170, 171, 176, 178

公平交易法 148

公平競爭 067, 146, 147, 148, 149

公眾交換電話網路 061, 086

分貝 030

分波多工 046

分封交換 061, 063, 089

分時多工 046, 047, 059, 128

分頻多工 040, 046, 047, 059, 127, 128

反拖拉斯法 144

天線 021, 058, 103, 116, 120

手機 006, 008, 014, 028, 066, 108, 110, 116, 117, 118, 120, 121, 123, 124, 125, 126, 127, 130, 131, 133, 141

方形波 028, 029, 040, 041, 042, 058

火腿 110

犬笛 026

五畫

主動式除噪 035

去話過濾 080

可用度 081

可靠度 022, 079, 080, 081, 092, 115, 130

外資限制 145, 161

市場主導者 148, 149, 150, 151, 162, 170, 171, 178

打字電報 005, 006

正交調幅 056

用戶迴路（Local Loop） 065, 066, 081, 085, 146, 161, 168, 184

用戶電話交換機 061, 087, 088

六畫

交叉補貼　149, 150

交流漏電　019

交換網路　063, 064, 065, 081, 089, 118, 131

交換機　006, 008, 009, 012, 014, 042, 061, 062, 063, 064, 065, 066, 068, 069, 070, 071, 072, 073, 074, 075, 076, 077, 078, 079, 080, 074, 061, 065, 069, 070, 072, 077, 080, 081, 082, 083, 084, 085, 087, 088, 089, 090, 092, 093, 094, 095, 100, 120, 121, 123, 124, 130, 133, 141, 149, 152, 153, 159, 160, 166, 170, 171

交遞　115, 124

光年　044

光速　043, 044, 051, 102, 104, 111, 112, 138

光纖　013, 020, 021, 022, 046, 057, 058, 064, 066, 081, 085, 086, 104

光纜　064, 070, 086

全反射　020

全球之星　141

共用資料庫　084, 159, 160

共用電池　009

同步　006, 044, 045, 047, 066, 085, 086, 102, 109, 135, 136, 138, 139, 141, 142, 148, 171

同步衛星　044, 085, 086, 135, 138, 139, 142

同軸電纜　018, 019, 020, 022, 057

同頻干擾　105, 113, 118, 119

合成　004, 025, 026, 027, 028, 029, 092

合成音樂　026, 028

回音　011, 033, 034, 035, 036, 037, 058, 059

回音消除　034, 035, 036

回鈴音　075, 077

地線　018, 020

多路徑干擾　105, 106, 107, 113

忙音　075, 078

收帳責任　168, 174, 175

收費方式　126

有限狀態機　077, 092, 093, 097, 098, 099, 100

有線電視　019, 067

自由選擇來電鈴聲　080

自動交換機　072

自動回撥　080

自動重撥　080

行動台　120, 125, 133

行動通訊衛星服務　140

行動電話　006, 008, 009, 019, 021, 028, 033, 047, 050, 056, 067, 078, 089, 103, 107, 108, 109, 110, 112, 113, 115, 116, 117, 118, 119, 120, 121, 122, 123, 125, 126, 127, 128, 129, 130, 131, 132, 133, 135, 138, 140, 141, 142, 146, 147, 149, 156, 157, 159, 165, 166, 168, 169, 171, 172, 173, 176, 177, 178, 184, 185

行動電話節費器　165, 177

行動管理　110, 121

行動數據　115, 117, 118, 131, 133, 146, 147

行動衛星通訊　110, 142

七畫

串音　011, 014, 033, 058

位置管理　121, 133, 159

低功率行動電話　115, 130, 131

低軌衛星　139

呆帳責任　173, 175

局碼　081, 153, 159, 160

折射　103, 104, 106, 112

投資報酬率法　150

私有網路　086, 087

貝爾　007, 017, 072, 088

貝爾實驗　072

八畫

來話過濾　080

來電顯示　080

取樣　047, 048, 049, 050, 059

受話方未接時自動轉接　080

受話方忙線時自動轉接　079, 080

呼叫　008, 062, 075, 076, 078, 081, 083, 091, 092,
　　091, 092, 093, 094, 100, 110, 123, 130

呼叫處理　075, 076, 091, 092, 100

和弦鈴聲　028

和聲　028, 034

固定通訊衛星服務　140

固定衛星通訊　110, 142

固網　033, 069, 071, 082, 126, 127, 133, 146, 149,
　　154, 157, 158, 160, 165, 166, 168, 169, 173, 174,
　　175, 176, 177, 178, 179, 181, 182, 183, 184, 185

定位系統　104, 110, 111, 135, 140

定價權　168, 173, 174, 176, 177, 178

延遲時間　031, 032, 033, 036, 043, 044, 063, 138

弦波　024, 026, 028, 029, 042, 055

波長　046, 104

法拉第實驗　019

泛音　027, 028, 049

直流漏電　018

金屬屏蔽網　018, 019

金屬導線　013, 016, 017, 020, 021, 057, 059

長途交換機　065, 170

長途電話　067, 068, 069, 070, 071, 085, 089, 144,
　　152, 153, 155, 156, 158, 183

雨衰　101, 106, 107, 137

九畫

信令　066, 073, 074, 075, 076, 082, 083, 090

信號　005, 006, 011, 016, 020, 022, 023, 024, 025,
　　026, 028, 030, 031, 032, 033, 036, 037, 038, 039,
　　040, 041, 042, 043, 044, 045, 046, 047, 049, 050,
　　054, 055, 056, 057, 058, 059, 064, 066, 077, 083,
　　090, 093, 105, 113, 120, 128, 140, 141, 170, 171

信標　004, 033

信噪比　031, 033, 043, 058

保護頻帶　106

品質　012, 031, 032, 033, 035, 036, 041, 043, 047,
　　048, 049, 058, 066, 071, 084, 085, 086, 107, 113,
　　118, 119, 124, 137, 151, 169, 170, 176, 184

封包網路　009, 081, 094

按鍵式電話　073, 074

指定轉接　159, 160

星宿圖　056

相位調變　054, 055, 056

紅外線　013, 021, 102

美國電報電話公司　007

軍旗　002, 003, 004

音色　027

十畫

倍頻　024, 025, 027, 074

射頻信號　038, 059

展頻通訊　101, 109, 110, 113, 128

差分定位法　140

庫倫定律　014

振鈴電流　009, 062, 075, 076

時脈　044, 045, 058

時域信號　022, 023, 024, 026

泰勒展開式　024

海底電纜　020, 045, 064, 086, 102, 167

海纜登陸　086

特殊撥號音　075

特許制　086, 145, 162

訊號　002, 004, 005, 012, 013, 014, 015, 016, 018,
　　019, 020, 022, 011, 022, 021, 022, 024, 026, 028,
　　033, 035, 036, 050, 051, 053, 058, 063, 073, 074,
　　101, 102, 103, 104, 105, 106, 107, 108, 112, 119,
　　120, 124, 125, 127, 128, 129, 130, 135, 136, 137,
　　138, 139, 140, 141

訊號線　018, 020, 058

馬可尼　102

馬克斯威爾方程式　102

十一畫

國家通訊傳播委員會　117, 144

國際交換機　064, 070, 170

國際海纜　065, 086, 146, 147, 168, 183

基地台　078, 118, 119, 120, 121, 122, 124, 125,
　　127, 128, 130, 131, 133, 149, 160, 161

基頻　024, 025, 027, 029, 038, 040, 041, 042, 059

基頻信號　038, 042, 059

基頻傳輸　038, 040, 041, 042

寄生電容　013, 015, 016, 019, 020, 053, 057

強制義務　168, 169

控制單元　072, 073

接取網路　061, 066, 067, 085, 184

接續費　167, 168, 169, 172, 173, 175, 176, 178

烽火臺　004

瓶頸設施　160, 161, 163

眼睛　041

第一類電信事業　145, 149, 150, 151, 152, 161,
　　162, 168, 169, 170, 173, 175, 178, 179

第七號信令系統　083

第七號信令協定　083

第二類電信事業　145, 152, 161, 162

粒子　102, 103, 112

細胞　118, 119, 124, 125, 132

細胞分裂　119

終端設備　006, 010, 120, 146, 147

許可制　145, 162

設施共用　160, 163

通訊協定　002, 004, 073, 074, 076, 094, 172

通訊衛星　103, 135, 136, 140, 141, 142

都普勒效應　101, 107, 108, 110

十二畫

傅立葉轉換　024, 025, 028

最後一哩　085, 182

單工　045

換手　115, 116, 124, 125, 127

散射　103, 104, 106, 107

普及服務　145, 150, 151, 152, 162

普及服務基金　151, 152

智慧型網路　061, 083, 084, 090, 153, 154, 155,
　　156, 159

無差別待遇　158, 169

無條件自動轉接　080

無線區域網路　021, 107, 108, 109, 110

無線電叫人　146, 147, 156

無線電地圖定位法　112

無線電媒介　013

無線對講機　002, 032, 045, 108, 110

發話端付費　125, 126

虛擬行動網路業務　146, 147

視線　002, 103

越洋長途電話　085

超距力　014

量化　047, 049, 050

間接外資　161

階層式電信網路　064

集縮　061, 084

十三畫

傳輸延遲　043, 044, 085

傳輸通道　002, 045, 063

傳輸速度　041, 043, 056, 129

傳輸媒介　002, 011, 013, 017, 021, 022, 024, 036,
　　037, 038, 040, 042, 043, 044, 045, 056, 127

傳輸網路　006, 066

塑模　091, 092, 093

幹線　062, 063, 064, 065, 071, 078, 087, 088, 130

彙接交換機　064, 065, 170

微分方程式　026

微波　021, 109

會計制度　149, 150

業餘無線電　110

號碼可攜服務　082, 159, 160

蜂巢式行動電話　115, 118, 132, 133

解調變　039, 054

話中插撥　075, 076, 078, 079, 080, 090, 094, 097

話中插撥音　075, 078

資料庫　074, 083, 084, 112, 121, 123, 133, 159,
　　160, 172

路由　061, 066, 081, 085, 145, 159, 173

跳頻式　109, 113, 128

載波　038, 039, 040, 042, 054, 055, 056, 059, 104

雷射　021

電子交換機　061, 062, 063, 072, 092

電子流　050

電子訊號　011, 013, 014, 015, 016, 018, 022, 024,
　　050, 051, 053

電子樂器　026, 027, 058

電阻　013, 014, 015, 018, 020, 050

電信三法　144, 146, 147

電信自由化　006, 007, 067, 071, 082, 143, 144,
　　146, 147, 160, 161, 162, 166, 182

電信法　066, 071, 082, 143, 144, 145, 146, 147,
　　148, 147, 149, 150, 151, 161, 162, 166, 167, 169,
　　171, 182

電信總局　071, 086, 109, 144, 148, 151, 162, 171,
　　172, 182

電流　005, 008, 009, 013, 014, 022, 050, 051, 052,
　　053, 062, 075, 076, 105

電容　013, 015, 016, 018, 019, 020, 026, 046, 051,
　　052, 053, 057, 120

電報　001, 004, 005, 006, 007, 010, 088, 102

電晶體　006, 072

電感　026, 046

電話號碼　070, 072, 080, 081, 082, 083, 084, 121,
　　122, 123, 125, 126, 127, 152, 153, 156, 157, 158,
　　159, 160, 162, 166, 169, 170, 177

電話機　001, 006, 008, 009, 010, 013, 032, 062,
　　072, 073, 074, 075, 076, 090, 146

電路出租　085, 147, 183

電路交換　061, 063, 064, 081, 089, 118

電磁干擾　013, 014, 015, 017, 019, 020

電磁波　012, 013, 014, 019, 023, 038, 041, 043,
　　051, 102, 103, 104, 105, 112, 113, 120

十四畫

對數　024, 030, 031

旗號　002, 003

漫遊　115, 116, 125, 126, 127, 141

緊急電話　145, 151, 153, 154

網路互連　061, 066, 067, 068, 069, 071, 145, 150,

158, 160, 165, 166, 165, 167, 168, 169, 170, 171, 172, 173, 174, 176, 178, 179

網路互連建立費　173

網路服務供應商　080

網路速度　042, 043, 044, 059

網路電話　033, 036, 037, 043, 044, 050, 067, 075, 087, 089, 094, 127, 145, 146, 152, 153, 184

語音單純轉售　145, 146

赫茲　102

銅線　013, 018, 020, 066

銥計畫　138, 141, 142

十五畫

價格調整上限管制法　150, 162

寬頻上網　019, 085

寬頻傳輸　038, 039, 040, 042, 046, 054

摩斯電碼　005

撥接上網　056, 131

撥號音　074, 075, 076, 077, 093

數位信號　036, 037, 038, 040, 041, 042, 047, 050, 054, 055, 056, 059

標售式　109

歐姆定律　018

編碼　002, 036, 038, 040, 044, 050, 056, 115, 126, 128, 152, 153, 154, 156, 157, 158, 162

編碼計畫　152

線路交換單元　072, 073

衛星行動電話　135, 138, 140, 141, 142

衛星直播電視　140

衛星通訊　110, 120, 135, 136, 137, 141, 142

調制　038, 040, 042, 057, 059

調幅　039, 042, 054, 056, 059

調頻　039, 054, 059

調變　038, 039, 040, 042, 054, 055, 056, 059

鄰頻干擾　105, 106, 113

震幅　023

震盪電路　026

十六畫

獨占　144, 148, 149, 151

諧波　024, 026, 027, 029, 040

選美式　109

頻域信號　022, 023, 024, 026

頻率　015, 016, 022, 023, 024, 025, 026, 027, 028, 038, 039, 040, 041, 042, 046, 047, 048, 049, 053, 054, 056, 058, 059, 073, 074, 102, 103, 104, 105, 106, 107, 108, 109, 113, 116, 117, 118, 119, 120, 127, 128, 129, 132, 133, 136, 161

頻率重用率　119

頻寬　013, 016, 017, 018, 019, 020, 022, 024, 040, 042, 043, 044, 050, 054, 055, 056, 057, 059, 066, 085, 086, 118, 128, 129, 137, 171, 183

頻譜　026, 027, 028, 029, 040, 042, 101, 102, 108, 145

十七畫

營收歸屬　173, 174, 175, 177

聲波　021, 026

聯合壟斷　148

簡速撥號　080

十八畫

繞射　103, 112, 120

藍牙　021

轉盤式電話　072

轉頻器　136, 142

雜音　013, 014, 034, 035, 037

雙工　045

雙方付費　126, 133, 168

雙音複頻　073, 090

雙絞線　016, 017, 018, 022, 024, 057, 066, 085

鏈路費　173, 176

十九畫

類比信號　036, 038, 042, 047, 054, 059

研究&方法

淡定學RefWorks

作　者	童國倫、張楷焄、林義峯 著
ISBN	978-957-11-6886-9
書　號	5A88
定　價	450

本書特色

・建立個人專屬資料庫，檔案分類一目了然！
・資料編輯Step by step，智慧管理效率加倍！

淡定學EndNote

作　者	童國倫、張楷焄、林義峯 著
ISBN	978-957-11-6885-2
書　號	5A86
定　價	450

本書特色

　　本書將撰寫論文時會遇到的格式或設定等問題以EndNote一次解決，務使一切與論文管理與寫作有關的項目都可以在本書中找到解決方案，讓讀者能羽扇綸巾地淡定完成論文寫作。

C++程式設計輕鬆入門

作　者	黃品梅 編著、徐瑞壕 校訂
ISBN	978-957-11-7299-6
書　號	5DG5
定　價	580

本書特色

　　本書特色在於用簡單明瞭的方式解決高階程式語言C++的艱澀問題。作者結合自己多年的教學及研究經驗，以全新的學習方式及教材結構來編寫此教材。本書可作為大專院校資工、電子、電機等系所之教學用書，更可供讀者自學熟悉C++語言之用。

GeoGebra幾何與代數的美麗邂逅

作　者	Wen-Hsing Chiang & Wolfgang Kinzelbach 合著
譯　者	羅驥韡 著
ISBN	978-957-11-7089-3
書　號	5DG4
定　價	400

本書特色

　　本書是國內第一本針對 Geogebra 此軟體作全面性介紹的專門書，作者憑藉多年的數學教學經歷，並實際參與 GeoGebra 軟體中文化工作，為GeoGebra 此軟體進行清楚詳細的解說，全書每一解說都搭配步驟圖示與操作介面圖，讓讀者能輕鬆簡單就上手！

五南圖書出版股份有限公司
博雅文庫

推薦閱讀

五南文化事業

RE18
數字人：斐波那契的兔子
The Man of Numbers: Fibonacci's Arithmetic Revolution

齊斯‧德福林 著
洪萬生 譯

斐波那契是誰？他是如何發現大自然界的秘密──黃金分割比例，導致股票投資到美容整型都要追求黃金比例？他又是怎麼將阿拉伯數字帶入我們的金融貿易？當你打開本書，你會發現，你不知道斐波那契是誰，可是你卻早已身陷其中並離不開他了！

RE03
溫柔數學史：從古埃及到超級電腦
Math through the Ages: A Gentle History for Teachers and Others

比爾‧柏林霍夫、佛南度‧辜維亞 著
洪萬生、英家銘暨HPM團隊 譯

數學從何而來？誰想出那些代數符號的？π背後的故事是什麼？負數呢？公制單位呢？二次方程式呢？三角函數呢？本書有25篇獨立精采的素描，用輕鬆易讀的文筆，向教師、學生與任何對數學概念發展有興趣的人們回答這些問題。

RE09
爺爺的證明題：上帝存在嗎？
A Certain Ambiguity：A Mathematical Novel

高瑞夫、哈托許 著
洪萬生、洪贊天、林倉億譯

小小的計算機開啟了我的數學之門
爺爺猝逝讓數學變成塵封的回憶
一門數學課意外發現了爺爺不能說的秘密
也改變了我的人生………

本書透過故事探討人類知識的範圍極限，書中的數學思想嚴謹迷人，內容極具動人及啟發性。

RE06
雙面好萊塢：科學科幻大不同

薛尼‧波寇維茲 著
李明芝 譯

事實將從幻想中被釋放……
科幻電影是如何表達出我們對於科技何去何從的最深層希望與恐懼……
科學家到底是怪咖、英雄還是惡魔？

RE05
離家億萬里：太空中的生與死
Bones, Rocks, & Stars：The Science of When Things Happened

克里斯瓊斯 著
駱香潔、黃慧真 譯

一段不可思議的真實冒險之旅，發生在最危險的疆界──外太空
三名太空人，在歷經種種困難後飛上太空，展開十四週的國際太空站維修工作。卻因一場突如其來的意外，導致他們成為了無家可歸的太空孤兒，究竟他們何時才能返家呢？

RE08
時間的故事
Bones, Rocks, & Stars：The Science of When Things Happened

克里斯‧特尼 著
王惟芬 譯

什麼是杜林屍衣？何時建造出金字塔的？人類家族的分支在哪裡？為何恐龍會消失殆盡？地球的形貌如何塑造出來？克里斯‧特尼認為這些問題的關鍵就在於時間。他慎重地表示我們對過去的定位與對於放眼現在與規劃未來都至關重要。

RE11
廁所之書
The Big Necessity: The Unmentionable World of Human Waste and Why It Matters

蘿絲‧喬治 著
柯乃瑜 譯

本書將大膽闖進「廁所」這個被人忽略的禁區。作者帶領我們參觀了巴黎、倫敦和紐約等都市的地下排污管道，也到了印度、非洲和中國等發展中國家見識其廁所發展，更深入探究日本免治馬桶的開發歷程，讓您跟著我們進行一趟深度廁所之旅。

RE12
跟大象說話的人：大象與我的非洲原野生活
The Elephant Whisperer - My Life with the Herd in the African Wild

勞倫斯‧安東尼、格雷厄姆‧史皮斯 著
黃乙玉 譯

本書是安東尼與巨大又有同理心的大象相處時，溫暖、感人、興奮、有趣或有悲傷的經驗。以非洲原野為背景，刻畫出令人難忘的人物與野生動物，交織成一本令人喜悅的作品，吸引所有喜歡動物與熱愛冒險的靈魂。

國家圖書館出版品預行編目資料

通訊網路導論／連耀南著. ——初版.
——臺北市：五南, 2013.11
　　面；　公分
ISBN 978-957-11-7329-0 (平裝)

1.通訊網路

312.16　　　　　　　　　102018216

5DG9

通訊網路導論
Introduction to Communication Networks for Practitioner

作　　者— 連耀南

發 行 人— 楊榮川

總 編 輯— 王翠華

主　　編— 穆文娟

責任編輯— 王者香

封面設計— 小小設計有限公司

出 版 者— 五南圖書出版股份有限公司

地　　址：106台北市大安區和平東路二段339號4樓

電　　話：(02)2705-5066　　傳　　真：(02)2706-6100

網　　址：http://www.wunan.com.tw

電子郵件：wunan@wunan.com.tw

劃撥帳號：01068953

戶　　名：五南圖書出版股份有限公司

台中市駐區辦公室/台中市中區中山路6號

電　　話：(04)2223-0891　　傳　　真：(04)2223-3549

高雄市駐區辦公室/高雄市新興區中山一路290號

電　　話：(07)2358-702　　傳　　真：(07)2350-236

法律顧問　林勝安律師事務所　林勝安律師

出版日期　2013年11月初版一刷

定　　價　新臺幣280元